U0160568

高等院校数字艺术精品课程系列教材

电子活页式

全彩慕课版

移动UI设计

案例教程

王俏 辛丹丹 王晓卉 主编

人民邮电出版社

北 京

图书在版编目（CIP）数据

移动UI设计案例教程：电子活页式：全彩慕课版 /
王俏，辛丹丹，王晓卉主编. -- 北京：人民邮电出版社，
2024.1
高等院校数字艺术精品课程系列教材
ISBN 978-7-115-61989-1

Ⅰ．①移… Ⅱ．①王… ②辛… ③王… Ⅲ．①移动电
话机－人机界面－程序设计－高等学校－教材②图像处理
软件－高等学校－教材 Ⅳ．①TN929.53②TP391.413

中国国家版本馆CIP数据核字(2023)第108283号

内 容 提 要

  本书以移动 App 设计为主线，全面、系统地介绍移动 UI 的设计方法和技巧。在内容编排上，本
书分为 UI 设计入门篇、UI 设计图标篇、UI 设计界面篇和 UI 设计实战篇。

  本书聚焦设计能力培养，采用理论知识与案例相结合的方式，通过大量的实操案例，配以详细的
设计步骤，让读者切实融入设计中。本书为读者提供内容结构图，帮助读者梳理知识，还安排知识拓
展、课后实训、本单元小结和课后练习题，帮助读者提升技术水平。

  本书配套资源包含书中所讲案例的素材、源文件等，读者可以跟随步骤完成效果制作。

  本书既可作为普通高等学校、高职高专院校 UI 设计相关课程的教材与参考资料，也可供 UI 设计
爱好者学习和参考。

◆ 主　编　王　俏　辛丹丹　王晓卉
　　责任编辑　马小霞
　　责任印制　王　郁　焦志炜

◆ 人民邮电出版社出版发行　　北京市丰台区成寿寺路 11 号
　　邮编　100164　　电子邮件　315@ptpress.com.cn
　　网址　https://www.ptpress.com.cn
　　北京天宇星印刷厂印刷

◆ 开本：787×1092　1/16
　　印张：12.25　　　　　　　　　2024 年 1 月第 1 版
　　字数：437 千字　　　　　　　 2024 年 9 月北京第 2 次印刷

定价：69.80 元

读者服务热线：(010)81055256　印装质量热线：(010)81055316
反盗版热线：(010)81055315
广告经营许可证：京东市监广登字 20170147 号

随着新一代信息技术的快速发展，尤其是新质生产力的崛起，人们对互联网产品用户体验的要求不断提高，未来的UI设计会更加受到人们的关注，UI设计师已然成为热门的岗位之一。

党的二十大报告提出"全面贯彻党的教育方针，落实立德树人根本任务，培养德智体美劳全面发展的社会主义建设者和接班人"。本书深入贯彻二十大精神，坚持科技自立自强、人才引领驱动，加快建设教育强国、科技强国、人才强国，坚持为党育人、为国育才，全面提高人才自主培养质量，着力造就拔尖创新人才。本书立足时代对UI设计人才的新要求，以培养具备市场跨界融合能力和专业技术能力，具备探索和创新意识的UI设计复合型人才为目标，在内容的选取上，由浅入深，精选案例和综合项目，详细讲解移动UI设计的核心要点，融"教、学、做"于一体，让读者更好地从设计思路、设计理念上了解和体验UI设计。

内容安排

为了紧跟国家政策和技术发展的步伐，本书将持续更新内容，确保教材的时效性和前瞻性，为中国UI设计人才的培养贡献力量。本书分为4篇，具体内容安排如下。

第1篇：UI设计入门篇。本篇详细介绍UI设计和移动端操作系统的基础知识，使读者对移动UI设计有较为深刻的认识。

第2篇：UI设计图标篇。本篇介绍图标的基础知识和图标风格，结合实操案例讲解剪影图标、扁平化图标、拟物化图标的设计要点和技巧。读者在掌握设计、制作方法的基础上，可以根据实际需求选择合适的图标风格进行绘制。

第3篇：UI设计界面篇。本篇介绍移动App界面中常用的控件，如滑块、表单、按钮的表现和设计方法，并结合常见的App对界面功能进行分析，便于读者对App各类型界面的功能和组成有较为全面的了解。

第4篇：UI设计实战篇。本篇以项目实战的方式贯穿前面所讲知识，介绍iOS和Android系统的界面设计规范、字体设计规范，按照项目分析、原型设计、风格分析、启动图标设计、各界面设计的UI设计流程完成实战项目，使读者对两种移动端操作系统界面设计有全面、深入的了解，同时掌握iOS和Android系统界面的设计方法。

本书特色

本书内容丰富，涵盖移动UI设计的重要知识和技能，为读者系统地介绍UI设计相关知识，以及使用设计软件进行移动App界面设计的方法，通过案例帮助读者轻松掌握设计技巧。

本书特色如下。

1. 校企合作开发

本书是由一线教师与东方电子集团有限公司的企业专家合作编写的，校企共同研讨课程标准，内容涵盖移动UI设计和交互设计等领域，旨在培养新时代UI

设计复合型人才，注重培养设计师的产品思维和用户体验意识。

2. 案例精选

本书内容细致、全面，注重所选课堂案例的针对性和项目实战的实用性。

3. 项目驱动

本书将设计流程和设计规范融入iOS和Android系统的项目设计实战，为读者提供实用的设计技巧和项目经验。

4. 配套资源丰富

为了提高读者的学习兴趣，本书配有所讲案例的素材、源文件等，读者可以完成案例制作。

5. 服务教师

本书精心配套开发了PPT课件、教学大纲等教学资源包，帮助教师提高备课效率，提升教学质量。

6. 打通学习通道

开设"UI爱好者"公众号，为UI设计爱好者提供设计知识分享，提供网络教学资源，打通学生、教师、UI设计爱好者的共享、交流、自学通道。

学时分配

本书的参考学时为64学时，建议采用理论与实践一体化教学模式。具体的教学参考学时见下面的学时分配表。

学时分配表

篇	单元	课程内容	学时
第1篇　UI设计入门篇	单元1	走进UI设计	4
	单元2	UI设计要素	4
	单元3	移动端操作系统	4
第2篇　UI设计图标篇	单元4	移动App图标基础	4
	单元5	移动App图标风格	14
第3篇　UI设计界面篇	单元6	界面常用控件	6
	单元7	App界面类型	4
第4篇　UI设计实战篇	单元8	iOS界面设计	12
	单元9	Android系统界面设计	12
		学时总计	64

本书由山东商务职业学院的王俏、辛丹丹、王晓卉担任主编，陈琳、刘立静、胡晓禹、张金荣等人参与了编写。东方电子集团有限公司的郭凯强也提供了较大的支持，参与了本书案例、项目和课程资源的开发。

由于编者的水平和经验有限，书中难免有欠妥之处，恳请读者批评指正。

编　者

2023年7月

目录　　C O N T E N T S

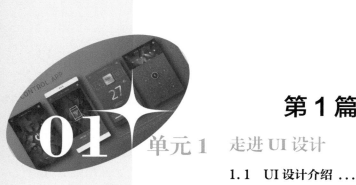

第 1 篇　UI 设计入门篇

单元 1　走进 UI 设计

单元 2　UI 设计要素

目录 CONTENTS

单元 3 移动端操作系统

第 2 篇 UI 设计图标篇

单元 4 移动 App 图标基础

单元 5　移动 App 图标风格

第 3 篇 UI 设计界面篇

单元 6 界面常用控件

目录　CONTENTS　V

单元 7　App 界面类型

第 4 篇　UI 设计实战篇

单元 8　iOS 界面设计

目录 CONTENTS

单元 9 Android 系统界面设计

第 1 篇
UI 设计入门篇

内容结构图

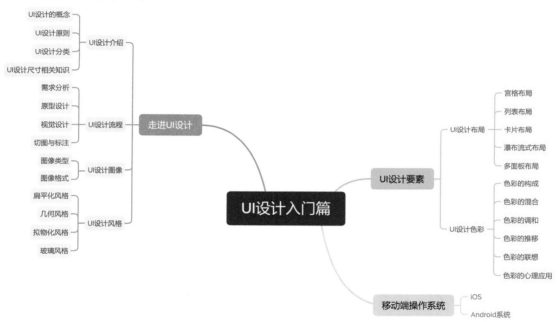

引言

　　长期以来，人们对计算机行业的研究主要集中在硬件和软件两大方面。在软件市场的激烈竞争中，软件的成功不仅依靠其强大的功能，还需要给用户带来良好的用户体验，产品的人性化意识日趋增强，越来越多的企业开始注重产品界面设计，用户界面（User Interface，UI）设计由此诞生。本篇将重点讲解 UI 设计的基础知识。

01

走进 UI 设计

UI 设计是以用户为中心的设计。随着人们对互联网产品用户体验要求的提升，UI 设计备受关注，UI 设计人才需求增长迅速。UI 设计师不仅要掌握 UI 设计必备的专业知识，还要在设计中让产品与用户进行良好的沟通，把企业或产品的价值传递给用户，做到用心地沟通、走心地设计，创造舒心的体验。

素质目标：

培养规范意识，提升职业素养。

知识目标：

1. 了解 UI 设计的基本理论；
2. 熟悉 UI 设计流程；
3. 掌握 UI 设计尺寸相关知识；
4. 了解不同图像格式的区别。

技能目标：

1. 能够在设计中灵活地对设计单位进行转换；
2. 能够根据产品定位和用户分析进行设计风格选取。

1.1　UI 设计介绍

本节将对UI设计的概念、UI设计原则、UI设计分类和UI设计尺寸相关知识进行讲解，使读者对UI设计有大致的了解。

1.1.1　UI 设计的概念

UI是用户界面的意思，单从字面上看，UI设计分为用户和界面两部分，但在实际应用中，UI设计还包含人机交互，也就是用户与界面的交互、沟通环节，UI设计是对界面美观度、软件应用交互的总体设计。

随着信息产业的快速发展，UI设计师的工作也从单一的UI设计发展到全链路设计。UI设计师要参与产品设计全流程，涵盖市场调研、产品规划、用户体验跟踪、视觉设计、跨平台设计等环节。

设计的每一个细节、每一个环节都至关重要，一个好的设计不仅要满足用户对美的追求，还要通过优化各控件、合理布局界面提升用户体验，强调产品的可用性、实用性、趣味性。因此，UI设计师的全链路开发能力和创新素养的提升成为我国UI设计发展的首要目标。

🖑 知识拓展

UI设计职业要求如下：从事UI设计工作应当具备适应市场多学科融合的能力，如审美、产品思维、用户逻辑、用户体验、跨平台设计等。UI设计师的主要职责是通过UI设计把产品思维传达给目标用户群体，以此来树立品牌形象。

1.1.2 UI设计原则

要完成友好、高效、新颖的设计产品，一定要遵循UI设计的相关原则，只有遵循设计原则，才能设计出简洁明了、令用户满意的产品。

1．明确用户群体
UI设计要根据不同的目标用户群体进行不同的产品定位，进而选用不同的设计风格。

2．实用性
UI设计的主要目的是方便用户使用，再华丽的界面如果失去实用性，就不会是成功的界面。UI应当主题明确、功能清晰，方便用户完成自己所要进行的操作，达到方便使用的目的。

3．用户体验
良好的用户体验是留住用户的重要"法宝"。在用户选择下载我们设计的App，进入应用阶段后，用户留存率尤为重要。UI设计要拉近产品与用户之间的距离，让用户使用起来上手快，界面主题明确，不轻易改变用户的使用习惯，这样才能更好地吸引和留住用户。

4．统一性
在UI设计中，统一性是非常重要的一点，一个App从启动图标开始，到首页、子页，均要保持风格统一、字体统一、色彩统一等，统一的设计会给用户带来舒适感，激发用户使用软件的欲望。

5．简洁性
UI设计将视觉元素化繁为简，用较少的元素表达丰富的内涵，可以大幅度减轻用户使用时的视觉压力。

1.1.3 UI设计分类

按照设备来分，UI设计主要分为PC（Personal Computer，个人计算机）端UI设计、移动端UI设计和其他终端UI设计等。如今，使用移动设备已成为人们生活的重要组成部分，以手机为代表，出门时用一部手机就可以解决人们的吃、穿、住、行等方面的问题，所以移动端UI设计成为UI设计的重点。PC端界面主要包括系统界面、应用软件界面等，因为PC端可使用的范围一般比移动端大很多，所以PC端的设计更加灵活，容错性也更高一些。而移动端屏幕较小，手指操作的可用区域有限，因此移动端UI设计更注重人性化，比如图标触摸区域的选择要考虑手指的宽度。通常情况下，移动端UI设计更简洁，色彩的搭配更清新，为了达到实用性、灵活性的目的，移动端界面不会过于复杂，如图1-1所示。

本书后续内容重点对移动端UI设计进行讲解。

图1-1 移动端界面

3

1.1.4　UI 设计尺寸相关知识

作为一名 UI 设计师，在设计中经常会遇到不同的图像单位，这些单位需要根据不同的场景进行选择性使用。下面对常见单位进行介绍。

1．英寸

英寸（inch）是电子设备的尺寸单位，指的是电子设备对角线的长度，平时所说的 14 寸、27 寸就是使用的这一单位。

2．像素

像素（pixel，px）是构成图像的基本单位，是计算机图形学和数字图像处理中的基本概念。在数字图像中，每个像素都有一个坐标和一个值，表示该像素在图像中的位置和颜色信息。

3．分辨率

分辨率是指显示器或者电子设备屏幕上所能显示的像素数目，通常用横向像素数和纵向像素数来表示。分辨率越高，显示的细节越好，图像的显示质量越高。

4．像素密度

像素密度（Pixels Per Inch，PPI）是指在显示器或者电子设备屏幕上每英寸显示的像素数目。像素密度体现了图像的精细度，在屏幕上，像素密度越高，用户看到的图像越细腻。

> **课后实训**
>
> 打开你的手机，找一款常用的 App，谈谈这款 App 吸引你的地方有哪些，说出你的理由。

1.2　UI 设计流程

UI 设计作为开放性工作，其流程并不是固定不变的，根据项目、用户需求的不同，有些流程会被跳过，有些流程会被多次执行。下面就 UI 设计的一般性流程进行介绍。

1.2.1　需求分析

确定要进行 UI 设计后，首先要进行产品需求分析，主要包括用户群体分析和竞品分析等。

1．用户群体分析

作为 UI 设计师，首先要与产品经理进行项目沟通，对用户需求展开全方位调研、分析，针对用户提出的各种需求进行产品规划。例如，要设计一款美食类 App，若面向的群体为年轻人，就可以选择清新、浪漫的风格；若面向的群体为商务人士，则可以选择简洁、稳重的风格；若面向的群体为老年人，则可选择层级简单、文字偏大的设计风格。

可以通过调查问卷、电话调研等方式，深入了解用户需求，挖掘用户体验内涵，对调研数据进行合理分析，总结提炼用户关注点，在产品中合理体现和表达。

2．竞品分析

明确具体的用户群体后就要开始竞品分析工作了：根据产品定位收集符合要求的竞品，深入了解这些产品的使用情况，从前期的用户调研中可以得出用户常用的类似软件有哪些，对这些主流、热门产品展开用户研究、产品核心竞争力研究。竞品分析的目的是寻找竞品的优缺点，其为用户提供了哪些服务，解决了用户的哪些痛点，存在哪些用户期望完善的地方，用户的满意度如何，等等。从产品功能和架构，到图标、导航菜单、工具菜单等各部分，从整体到细节逐一对竞品进行分析，通过对比，思考如何在自己的产品中创新、突破。

1.2.2　原型设计

需求分析完成后进行产品架构设计，开展原型设计与开发工作。此环节是对产品构思的表达，强调用户体验的重要性，设计好的原型应再次与需求方确认。及时沟通交流能有效避免进行视觉设计后的界面不符合用户需求所导致的重复工作，为项目的顺利开展提供保障，大大提高设计的工作效率。

1.2.3　视觉设计

视觉设计是在审核通过的原型设计基础上进行的直观界面视觉展示，此环节非常考验 UI 设计师对整体视觉的把握能力。基于前期工作，确定设计风格，选取主色调，完成如首页、注册登录页、主页、各子页等界面的产品视觉设计稿。

1.2.4　切图与标注

产品设计完成后对界面元素进行切图和标注。切图的质量会直接影响到前端开发工程师对界面的实现效果，因此切图要符合切图规范，做到高质量切图。完成界面元素切图后，分类保存在文件夹中，提交给前端开发工程师。

从前面的 UI 设计流程可以看到，UI 设计师的工作贯穿了 UI 设计的全过程，从产品需求分析开始，到后面的原型设计、视觉设计，都离不开 UI 设计师。整个设计是一个不断迭代、不断优化的过程，需要更加深入地了解产品思维，想用户之所想，做用户之所需。只有开发跨平台使用的 UI 设计产品才能满足市场需求，在市场上具有竞争力。

🖐 **知识拓展**

设计稿完成后，UI 设计师不要着急将设计稿输出，应与产品经理进行二次沟通，确认之前提出的各种要求是否都已经实现，有没有遗漏的设计要求等。产品经理一般在看完设计稿后会提出一些细节层面的建议，UI 设计师应根据这些建议修改并最终确认无误后再进行输出和切图，这样较为稳妥。

💬 **课后实训**

客户想要开发一款美妆 App，主要功能包括妆容参考、发型设计、美妆达人交流、商品售卖等，作为 UI 设计师，你将如何开展需求分析？

1.3　UI 设计图像

在 UI 设计中，图像的质量影响着产品整体的设计品质和给用户的视觉体验。图像的类型和格式对图像的质量、图像的传输速率都有一定的影响。

1.3.1　图像类型

图像主要有两种类型——矢量图和位图，理解两者的差异对 UI 设计的学习会有很大的帮助。

1. 矢量图

矢量图是由用数学方式描述的曲线及曲线包围的范围共同组成的色块图像，并不是靠像素拼接而成的。矢量图最大的特点是它与分辨率无关，将它缩放到任意大小和以任意分辨率在输出设备上输出，都不会影响其清晰度。

由于矢量图色彩不丰富，无法表现逼真的实物，因此矢量图通常用来展示图标、Logo 等较为简单的图像。

2. 位图

位图通常称为点阵图，是由一组像素或者单个的小块放在一起组成的图像，类似拼图的效果。放大位图时，可以看见整个图像由无数个小方块构成，每一个小方块即一个像素。位图可以表现出色彩丰富的图像。

在放大位图时，像素也放大了，由于每个像素表示的颜色是单一的，所以位图放大后会导致图像失真。因此，图像尺寸发生改变会对图像的显示效果产生影响，如图 1-2 所示。

图1-2　图像放大的效果

在文件大小方面，位图的颜色信息越多，图像越清晰，占用的存储空间就越大。

1.3.2　图像格式

图像有若干种保存格式，因其特点不同，适用于不同的应用环境，下面介绍几种常见的图像格式。

1. JPG

JPG 一般指联合图像专家组（Joint Photographic Experts Group，JPEG），是常用的有损压缩图像格式，可根据需求进行压缩，压缩后的图像细节保留良好，常常用在图像的展示中。JPG 格式更适用于颜色丰富、相对复杂的图像，但图像每经过一次编辑，整体的质量会下降一次。

由于 JPG 格式图像所占的存储空间一般相对较小，非常适合在浏览器中显示，下载速度也很快，所以 JPG 图像在网络上应用非常广泛，JPG 是一种非常受欢迎的图像格式。

2. PNG

可移植的网络图像格式（Portable Network Graphics，PNG）是一种无损压缩图像格式，PNG 格式图像所占的存储空间较小，可使用的颜色非常丰富。PNG 支持透明效果。

3．TIFF

TIFF一般指标记图像文件格式（Tag Image File Format，TIFF），是一种通用的位图文件格式，它存储的图像信息非常多，图像质量高，是许多印刷品选择使用的格式。

4．GIF

图像交互格式（Graphics Interchange Format，GIF）支持动画效果，文件不会占用过多的存储空间，图像满足网络传输需要，是一种网页中常用的图像格式。

5．BMP

BMP（Bitmap，位图）格式图像信息丰富，几乎不对图像进行压缩，当然也正因为如此，BMP格式图像所占的存储空间较大。

💬 课后实训

选取任意一张图像，导入Photoshop软件，将其"存储为"不同格式的图像，仔细观察保存图像时出现的对话框，保存完成后查看其大小，随后将图像放大并观察其清晰度等细节。

1.4 UI 设计风格

随着电子产品的日益普及和UI设计行业的迅速发展，UI设计的风格也在不断发生着变化，UI设计的范围很广泛，应用的领域更是丰富，呈现给用户的是多种多样的设计样式。作为一名UI设计师，要养成认真观察和及时总结的良好习惯，对UI设计行业的流行趋势有所洞察，在日常的设计中加以提炼和创新，进而形成自己的设计风格。下面就较为流行的设计风格进行分析。

1.4.1 扁平化风格

扁平化风格是一种人们较为熟悉的设计风格，扁平化风格体现为在设计过程中采用简单元素实现干净、简洁的视觉效果，同时方便用户查找各实用功能，引导性较强，可以很好地满足用户的日常使用需求。扁平化风格的设计过程并不复杂，重点在于将实物进行关键点提炼和优化。在扁平化风格中，具体和抽象相结合，具有较好的功能辨识度。图1-3所示为扁平化风格界面。

图1-3 扁平化风格界面

扁平化风格具有以下特点。

1．二维设计

从字面上可以看出，扁平化风格中"扁平"是主要特征，主要集中在二维表现上，几乎不对元素添加三维修饰等，不论是文字还是图片，都应尽量规避过多的样式，否则会给人画蛇添足的感觉。

2．简洁明了

界面中元素的选取不追求复杂，减轻用户的视觉负担，最大程度地保证元素功能的表达。

3．色彩和谐

扁平化风格在设计时的色彩选择非常重要，一般不会出现凌乱、错综复杂的色彩搭配，多选择用户接受度较高的大众色作为主色，相应的配色也多为流行色。

4．做减法

扁平化风格以做减法为特征。这里，做减法指的是如果一个界面元素较多，且当尝试去除某一个元素后并不影响界面的表达，也并不影响用户的使用时，就可以大胆地去除该元素。简洁划一的界面是扁平化风格的重要特点。

1.4.2　几何风格

几何风格即通过线条和几何图形的组合实现界面的设计。如通过组合圆形、圆角矩形、长方形、正方形、椭圆形、梯形、平行四边形、三角形等基础的形状形成较为新颖的图形，并通过构图布局搭建出让用户耳目一新的界面，从而使整个 App 界面的设计更加个性化。图1-4所示为几何风格界面。

图1-4　几何风格界面

1.4.3　拟物化风格

拟物化风格是接近实物的一种设计风格，设计的细节更加丰富，给人们带来更强的真实感。图1-5所示为拟物化风格界面。拟物化的图标和控件具备真实物体的立体感和层次感，通过高光、视觉差等提高用户的亲切感。

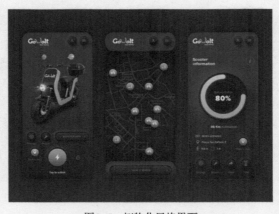

图1-5　拟物化风格界面

1.4.4 玻璃风格

玻璃风格是一种类似毛玻璃效果的设计风格，通过增加不透明度打造毛玻璃的效果，界面的设计清新通透，与周围的色彩和元素有很强的融合度。如图1-6所示，玻璃风格界面主次分明，又不突兀，优良的质感可大幅度提升用户的使用舒适度。

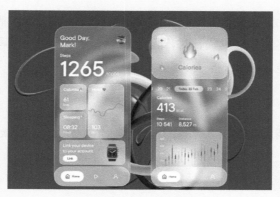

图1-6　玻璃风格界面

课后实训

日常生活中的 App 很多，其界面风格各异，请打开常用的 App，分析界面所属风格，对各种风格的界面进一步展开讨论。

1.5　本单元小结

本单元主要介绍了UI设计的基础知识。通过本单元的学习，读者应该能够对UI设计有初步的认识，了解UI设计的发展状况和职业要求，为未来从事UI设计工作奠定基础。希望读者以此为开端，完成UI设计相关内容的学习。

1.6　课后练习题

1. UI设计流程包括哪些环节？
2. 不同图像格式各自的特点有哪些？

02

UI 设计要素

　　通过元素的不同组合和排列给用户带来不同的视觉效果，促使画面新颖、有张力地呈现是一名 UI 设计师的基本功。在进行 UI 设计时，需要 UI 设计师对界面的布局和色彩进行合理搭配。本单元将对界面布局和色彩搭配进行详细讲解。

素质目标：

鼓励学生探求美的来源，树立正确的审美意识，理解色彩联想对心理影响的重要意义。

知识目标：

1. 了解常见的 UI 界面布局方式；
2. 掌握色彩的使用方法。

技能目标：

1. 能够根据 App 的主题进行界面布局；
2. 能够熟练运用色彩相关知识进行色彩搭配。

2.1 UI 设计布局

　　在较为有限的空间里将各种要呈现的元素进行合理布局和规划，进而带给人们良好的视觉效果，这在UI设计中是非常重要的。

　　界面设计是各种控件和各种元素搭配、整合的结果，具有综合、协调的美感，以人机交互为主要功能的界面要符合大多数用户的使用习惯和布局美学。下面对常用的界面布局进行介绍。

2.1.1 宫格布局

　　宫格布局对功能的划分能起到非常好的指示作用，其界面简洁、清晰地将各功能模块直接展现在用户面前，不需要用户耗费过多的精力去寻找，因此被很多App所采用，如图2-1所示。

2.1.2 列表布局

　　列表布局从视觉上通过相似元素和对齐等形式给用户带来良好的观感，页面过渡平滑，如图2-2所示。

图2-1　宫格布局

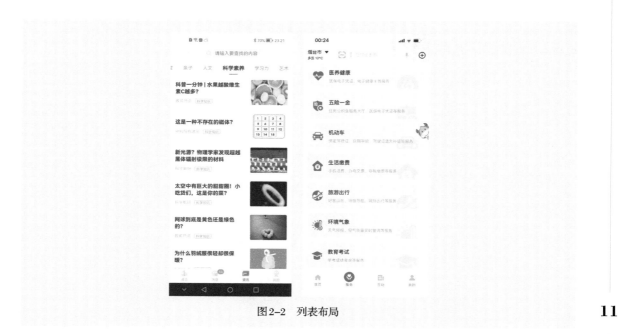

图2-2 列表布局

2.1.3 卡片布局

卡片布局以图片为主，图文混排形成卡片，各卡片之间相互独立，传达的信息量较大，但占据的空间也较大，如图2-3所示。

图2-3 卡片布局

2.1.4 瀑布流式布局

瀑布流式布局是当前较为流行的一种界面布局，随着用户不断地滑动页面，界面不断地加载数据。它的扩展性较好，可有效激发用户向下继续滑动查看信息的兴趣。这种布局像瀑布一样，巧妙地利用视觉层级吸引用户，如图2-4所示。

图2-4　瀑布流式布局

2.1.5　多面板布局

多面板布局主要适用于分类较多，而且需要呈现的内容较为丰富的界面。这样的设计可以减少用户使用过程中跳转页面的次数，如图2-5所示。

图2-5　多面板布局

🗨 课后实训

从手机上查看你常用的 App，归纳、总结其界面属于哪种布局方式。

2.2 UI 设计色彩

在艺术设计中，色彩对视觉的影响效果是非常重要的，对UI设计而言，良好的色彩选取和搭配可以第一时间吸引用户的眼球，加深用户的印象。和谐的色彩组合可以给用户带来舒适、愉悦的感受。色彩独有的表现力可以在满足功能要求的同时给用户带来不同的视觉享受。

2.2.1　色彩的构成

色彩的构成是指将两种或两种以上的色彩按照一定的原则，根据不同的目的重新组合、搭配，形成一种新的色彩关系的构成形式。色彩三要素是指色相、明度、纯度。

1．色相

色相即色彩的面貌，是色彩的首要特征。我们通常借助色彩的名称标识区分色相，如红色、橙色、绿色等。色相是区分各种不同色彩最准确的标准之一。

大自然中的色彩变化是非常丰富的，人们在这丰富的色彩变化中逐渐认识和了解到颜色之间的相互关系，并根据它们各自的特点和性质，总结出色彩的变化规律。

2．明度

明度又叫作亮度，是指色彩的明暗、深浅程度，是人的眼睛对物体表面的明暗程度的感知的体现。明度不仅取决于物体表面的反射系数，还取决于对物体的照明程度。如果我们感受到的是物体表面反射的光线，那么明度就取决于物体表面的反射系数；如果我们感受到的是光源发出的光线，那么明度就取决于光源的强度。

简单地说，任何色彩都存在明暗变化，不同的色彩具有不同的明度，例如，绿色、红色、蓝色、橙色的明度相近，黄色的明度最高，紫色的明度最低，不同明度的色块可以帮助设计师表达相应的感情，如图2-6所示。

3．纯度

纯度是指颜色的鲜艳和纯净程度，又叫饱和度或彩度，不同的色彩不仅明度不同，纯度也不同。色彩的纯度变化可以产生丰富的、强弱不同的韵律与美感，如图2-7所示。

13

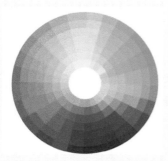

图2-6　明度

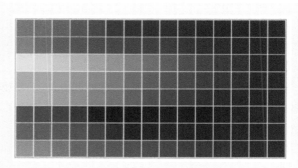

图2-7　纯度

2.2.2　色彩的混合

所谓色彩的混合，是指将某一种色彩混入另一种色彩，形成第三种与原来的色彩不同的新色彩，色彩的混合主要有两种方式：加色混合法和减色混合法。

1．加色混合法

加色混合法即色光的混合，是指将不同颜色的色光混合到一起，产生新的色光。其特点是混合的色光越多，得到的新色光明度越高。

我们通常看到的计算机屏幕是使用投射光波的方式来产生不同的色光的。这些色光可以发出红、绿、蓝3种色彩，通过这3种色光的不同组合可产生不同的颜色。

2．减色混合法

减色混合法是色料的混合，是指将不同的色料混合到一起，得到新的颜色，即颜料的混合。其特点是混合的颜色越多，颜色纯度越低。

2.2.3　色彩的调和

色彩调和是具有某种次序的色彩组合，是不同价值的色彩表现，色彩调和如图2-8所示。在绘画艺术中，调和是指把近似的颜色进行重新配置，使画面颜色达到新的和谐统一的效果。

图2-8　色彩调和

色彩的调和方式主要有以下3类。

1．同一调和

同一调和是指两种或两种以上的色彩，在色相、明度、纯度上有某一种要素完全相同，变换其他要素以达到调和的目的，是一种简单的、容易形成统一感的调和方式。

2．类似调和

类似调和是指色彩的色相、明度、纯度中有一种或两种要素类似，以性质接近的色彩相互配置，使其具有深浅浓淡的层次变化，达到统一、协调的效果。它具有较多的变化，但没有脱离以统一为主的配色原则。

3．对比性调和

对比性调和是指取色环中位置相对的两种颜色，如补色，通过某些特定规律和方法进行配置的调和方式。

对比性调和具有富有变化、活泼生动、视觉冲击强烈等特点。

2.2.4 色彩的推移

色彩的推移是指将色彩按照一定的方式进行逐渐的、循序的、有规律的变化。一般来说，色彩的推移有明度推移、纯度推移和色相推移3种。色彩推移的特点是能够产生有节奏的韵律感和丰富的空间变化。

1．明度推移

选择一种明度与纯度均很低的色彩，逐渐等量加白；或者选择一种明度与纯度均很高的色彩，逐渐等量加黑，调出明度各不相同而明度差相等的色彩，然后用它们表现简单而生动的图形的过程叫作明度推移，如图2-9所示。白色、黄色属于本身明度较高的颜色，黑色、蓝色、紫色属于本身明度较低的颜色。

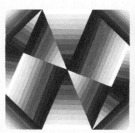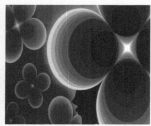

图2-9　明度推移

2．纯度推移

纯度推移是指选择任意一种纯色，逐步加入灰色调，混合出适当数量的纯度差均等的新色彩，构成一个阶梯状纯度的色彩序列。纯度推移所调和出的色彩的纯度会逐步降低，色调会逐渐变灰，如图2-10所示。

图2-10　纯度推移

3．色相推移

简单来说，色相推移就是从一种色彩均匀转换到另一种色彩，例如，红色到黄色中间就有橙色的过渡，黄色到蓝色中间就有绿色的过渡，蓝色到红色中间就有紫色的过渡，以此形成一种有节奏感和美感的色彩形式，如图2-11所示。

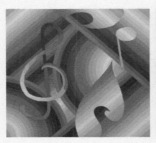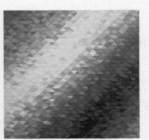

图2-11　色相推移

16

2.2.5　色彩的联想

色彩的联想是人通过以往的经验或记忆形成的。色彩除了具有具象性联想，还具有抽象性联想。

当光线以色彩信号的形式映射到人的大脑中时，大脑就会产生记忆和认识，形成情感转变。根据色彩的纯度、明度、色相，以及冷暖的不同，人的情感会有所不同。例如，纯度高的色彩容易传递干净与整洁的感觉；明度高的色彩会使人产生远和轻的感受，明度低的色彩会使人产生近和重的感受；冷色使人感觉寒冷、湿润，而暖色则给人带来温暖、干燥的感受。

1．色彩与听觉

人体的各个感官在外界的刺激下会产生一定的信息反馈。人们经常将暗色视为低音，将亮色视为高音，将红色视为兴奋，将绿色视为柔和。

2．色彩与味觉

受人的经验与感官等因素的影响，人在色彩与味觉的关系上具有主观倾向性，如黄色与酸味相关，绿色与清新相关。当代社会中一些食品的包装设计就充分考虑了色彩与味觉的关系。

2.2.6　色彩的心理应用

色彩在不同的应用场景下发挥的心理作用不尽相同，不同的色彩会带给人们不同的感受，色彩心理应用是设计中非常重要的一部分。

1．UI 设计应用

色彩是UI设计应用不可或缺的元素，只有对其合理运用——注意冷暖、明暗色调的搭配，注意图标形象化与色彩的心理暗示作用相结合，才能将其特征、内容、用途等通过色彩具体呈现出来，满足使用者的心理需求。

2．广告设计应用

策划、创意、媒体和方案的选择是广告设计的重要元素，色彩起着吸引注意力的作用。色彩能够辅助传达设计情感，例如，在进行食品类广告设计时，一般会选用暖色调，因为暖色调能够给人带来温暖的感受，激发消费者的食欲和购买欲；在进行儿童用品广告设计时，宜选用鲜亮、丰富的色彩，体现出儿童的活泼与纯真。

3．网页设计应用

要想有效提升网页点击率，就必须有能够吸引人眼球的网页设计，给人强烈的视觉冲击力。一般在设计中要注意对色彩动与静的把握，例如，为了给人兴奋和温暖的感觉，一般选择象征太阳的红色系或者温暖的黄色系；为了营造安静的氛围，可以选择象征大海的蓝色系。

在产品设计中，色彩的合理搭配与灵活应用具有很好的推进和渲染作用，能使使用者产生丰富的感受，对产品的促销起到有效的宣传作用。因此，在设计过程中，对色彩心理作用的把握具有重要的意义。

🖑 知识拓展

实际工作中，配色是有一定技巧的，例如，参照配色网站提供的案例进行色彩搭配、参考和学习成功作品的配色方案、从物体本身"吸取"相应颜色后再进行颜色拓展等。这些技巧都可以帮助我们在较短的时间内高质量地完成配色工作。

🖽 课后实训

查找配色网站，查看配色案例，学习配色技巧。

17

2.3　本单元小结

本单元主要介绍了UI设计布局和色彩的相关知识。通过对本单元的学习，读者可以深入了解UI设计布局和色彩的搭配原则，了解色彩的使用方法和技巧，能够针对不同产品选择合适的布局和色彩进行UI设计。

2.4　课后练习题

1. 常见的UI布局有哪些？在布局时需要注意哪些方面？
2. 谈谈不同的色彩搭配给人们带来的视觉差异有哪些。

03 ————————— 单元 3

移动端操作系统

移动端与 PC 端的 UI 设计是不同的，移动端 UI 设计由于受到设计尺寸大小的制约，会对 UI 设计师提出更高的要求，不同的操作系统在设计和规范上的要求也有所不同。PC 端 UI 设计的设计理念可以经过提炼后合理地应用到移动端 UI 设计中，给移动端界面带来更多的设计创意。

素质目标：

引导学生保持对新的设计趋势的关注，提升学生的持续学习和自我提升能力，以适应行业的快速发展与变化。

知识目标：

了解移动端界面的特点。

技能目标：

能够科学、合理地对移动端界面进行分析。

3.1　iOS

iOS 是 iPhone 和 iPad 的操作系统，其程序运行流畅，硬件使用效率高。下面对 iOS 界面的特点进行介绍。

3.1.1　主题明确

从图标设计到界面元素的设计，iOS 界面整体主题明确，用户一眼就可以看出 App 的主要功能。另外，iOS 界面设计简洁明了，不使用过多复杂的元素装饰，以内容表达为核心思路，减轻用户的使用负担。

3.1.2　色彩一致

在设计一款 App 时需要选择主题色，其他相关元素应当围绕主题色进行设计，保证色彩的一致性，从而使整个界面简洁、干净，清晰地呈现主要元素。

3.1.3　留白设计

注意手指点击屏幕的最小尺寸设计，避免用户在点击时触碰不到相关功能键而影响用户体验。同时，每个功能区之间一般会设置留白区域，用于帮助用户区分功能区，从而使用户快速找到所需功能。留白不仅在功能区之间存在，在界面左右两侧也应设置。留白可以减少屏幕的满屏感、拥挤感，将功能展现得更加醒目，如图3-1所示。

图3-1　留白

3.1.4 良好布局

应当确保界面要展现的内容在默认的尺寸下是清晰可见的，这里的默认尺寸指的是不需要放大、不需要拖动滑动条的尺寸。

捕捉用户的视觉注意力集中点。用户在阅读界面内容时往往是从上向下、从左向右进行的，一般界面上半部分是界面核心内容布局区域，应将最重要、最需传达给用户的内容放置在核心区域，同时常用的功能元素所占面积应该比较大，方便用户点击。

根据App的应用场景不同选用不同的视图模式，如聊天App一般选用纵向屏幕，视频播放App则选用横向屏幕。界面的布局要满足App的不同需求。

> 🖐 **知识拓展**
>
> iOS的图标和界面越来越简洁，设计更加聚焦于内容本身，丢弃冗余的界面会给用户带来更好的体验，充分利用留白区域，促使核心内容更加突出。

> 💬 **课后实训**
>
> 观察iOS热度较高的App的界面和交互特点，谈谈UI设计是如何做到以用户体验为核心，想用户之所想，为用户提供各种服务的。

3.2 Android系统

众所周知，Android系统是一个开放性很强的操作系统，方便程序开发者自行进行程序开发。Android系统的UI设计非常灵活，亲和力强，操作性高，界面丰富绚丽。随着Android系统的升级，其界面在动效设计、通知栏布局等方面不断改进，轻盈、简洁的界面"吸粉"众多。下面对Android系统界面进行介绍。

3.2.1 布局灵活

Android系统的布局较为灵活，可进行区域内容的自定义，整体的限制少，设计出的布局更加多样化，Android系统界面如图3-2所示。

3.2.2 色彩艳丽

Android系统一般会选取鲜艳的颜色进行UI设计，如采用渐变色代替单纯的颜色。多种艳丽的色彩配合能给用户有活力、新颖的感受，从而达到吸引用户眼球的目的。

3.2.3 操作便捷

Android系统的App界面中出现的交互过程要尽可能简洁，交互的步骤尽可能少，尽量方便用

图3-2 Android系统界面

户进行有效操作。Android 系统控制中心如图 3-3 所示，其中的功能可以直接操作，而且常用功能都在这里进行了展现，大大方便了用户的使用。

图 3-3　Android 系统控制中心

🖐 知识拓展

　　随着信息行业的不断发展，Android 系统不仅在手机上使用，而且逐渐广泛应用于智能手表、平板电脑等设备。从 Android 1.0 版本发布到今天，越来越多的厂商加入 Android 系统的设计与开发，在 Android 系统原有特点的基础上进行个性化创新，满足用户的个性化需求。

💬 课后实训

　　找到 Android 系统常用的一款 App，分析其在用户操作便捷性方面进行的设计，比如在什么样的状态下给用户什么样的反馈，谈谈 UI 设计师是如何站在用户角度，从用户需求出发进行 UI 设计工作的。

3.3　本单元小结

　　本单元主要介绍了 iOS 和 Android 系统各自的特点。通过对本单元的学习，读者应该对两种操作系统有了一定的了解，能够对两种操作系统在设计风格、界面布局等方面的差异进行合理、科学的分析，为后续结合操作系统特点进行 App 界面设计奠定基础。

3.4　课后练习题

1. 举例说明移动端操作界面与 PC 端操作界面的区别。
2. 不同版本的 Android 系统在界面设计上有什么不同？

第2篇
UI 设计图标篇

内容结构图

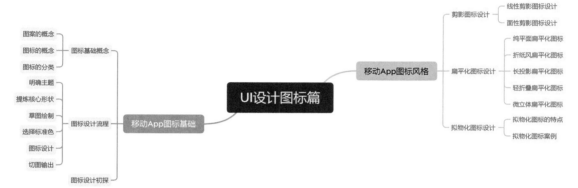

引言

　　图标是 App 界面的"灵魂"，是具有高辨识度的元素，在设计过程中要重点考虑图标带给用户的视觉感受。本篇将通过实例讲解不同风格图标的设计方法和技巧。

04

移动 App 图标基础

图标是一种图形符号。随着社会的进步，用户的需求呈现个性化的趋势，带动了图标的多样化设计。精致、新颖的图标在带给用户美的享受的同时，还可以很好地提升产品的可用性。

素质目标：

培养学生严谨的工作态度。

知识目标：

1. 了解图标的概念；
2. 了解图标设计流程；
3. 掌握图标设计要点。

技能目标：

能够遵循图标设计流程进行图标设计。

4.1 图标基础概念

说到图标，就不得不提图案和图标的区别。图标是从图案中逐渐发展而来的，但图案与图标又存在很大的不同。下面介绍图案和图标的概念。

4.1.1 图案的概念

图案是指在二维平面上以形状、线条、色彩等元素为基础，通过排列、组合和变形等方法形成具有装饰性、表现性和传达性的图形设计方案。图案作为设计艺术的基础，可以应用于多个领域，如纺织、服装、家居、建筑、包装等。通过对自然形象进行整理、加工和变化，图案可以创造出新的视觉现象，图案设计需要灵感与创造力，同时也需要技能和经验，如图4-1所示。

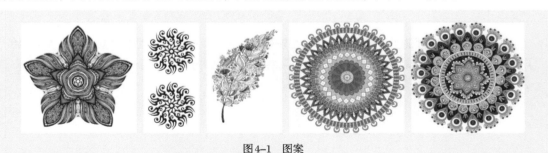

图4-1　图案

4.1.2 图标的概念

图标是具有明确指代含义的标志图形。从广义上讲，图标是高度浓缩并能够快捷传达信息，具有指代意义的、便于记忆的图形符号，具有高度浓缩、能够快捷传达信息、便于记忆的特性，如男、女厕所标志和各种交通标志等。从狭义上讲，图标可以应用于计算机软件中，包括程序标识、数据标识、命令选择、模式信号或开关切换、状态指示等。

界面中的图标是功能标识，是具有高度概括性的、用于视觉信息传达的小尺寸图像。图4-2所示是某App界面中的部分图标，点击图标有助于用户快速执行命令和打开程序文件。

图标设计是UI设计中一个极为重要的环节。

收藏　订阅店铺　足迹　零钱¥0.00

图4-2 图标

4.1.3 图标的分类

图标在我们使用的电子产品中无处不在，它肩负着传递产品思维和产品功能的重要使命。图标设计的艺术源于生活，但高于生活，图标要在表达含义的同时进行高度整合。

以移动设备为例，图标按照其在App中起到的作用主要分为应用图标和功能图标。

应用图标主要用来区分App，是从具体的实物中抽象出来的符号，对产品进行诠释，主要出现在手机桌面、应用商店等，也叫启动图标。功能图标主要用来指示操作会产生的效果和功能，用于替代文字传递信息，简化用户对复杂文字的理解和记忆，如音乐播放器中的"上一首""下一首""关注""取消关注""下载""收藏"等图标。

移动端UI设计主要是指手机、平板电脑的UI设计，其中，手机的应用更为广泛，因此针对手机的UI设计也更为丰富。对于UI设计师而言，设计的创意和新意是设计的"灵魂"，在了解设计规范的基础上，结合专业技能，将产品思维更好地传达给用户，同时提升用户的使用体验，是一门很重要的功课。下面对移动端的应用图标和功能图标进行详细介绍。

1. 应用图标

应用图标作为App的重要标识，在设计过程中要特别关注。首先，应用图标要有超强的辨识度，让用户在众多的应用图标中一眼就可以识别出我们的应用图标，尽量不设计模棱两可、意义表达不明确的应用图标。其次，应用图标的内容不要过于烦琐和复杂，只要能将产品特点表达清晰即可，要保证在不同的设计尺寸下应用图标都清晰可见。最后，应用图标的设计要有侧重点，如在颜色选用方面，并不是越多越好、越鲜艳越好，而是要符合产品的定位和用户群体的喜好，如果已经有PC端的产品，则可考虑将PC端的图标进行加工、修改，转换为新的移动端应用图标。

在设计iOS的应用图标时，可以按照最大的应用图标尺寸，即宽度为1024像素，高度为1024像素进行设计，大尺寸下细节的处理会更容易、更精确、更细致；如果需要小尺寸的应用图标，则可以通过调整进行输出，从而得到所需尺寸的应用图标。对于应用图标中用到的圆角尺寸，一般情况下大约等于应用图标宽度的0.175倍，如宽度为1024像素，高度为1024像素的应用图标对应的圆角半径为1024像素×0.175≈180像素；宽度为512像素，高度为512像素的应用图标对应的圆角半径为512像素×0.175≈90像素。iOS应用图标如图4-3所示。

Android系统应用图标与iOS应用图标一样，是App给用户的第一印象，如图4-4所示。

图 4-3　iOS 应用图标　　　　　　　　图 4-4　Android 系统应用图标

图标栅格系统是一种用于协助图标设计的设计工具，如图 4-5 所示。如果是横版图标，则不要超出横向的圆角矩形；如果是竖版图标，则不要超出竖向的圆角矩形；如果是正方形图标，则参照中间的正方形绘制；如果是圆形图标，则参照中间的圆形绘制。

图 4-5　图标栅格系统

2．功能图标

功能图标包含图 4-6 所示的栏图标和图 4-7 所示的小图标，主要代表要执行的命令、相关的操作等。功能图标承载了 App 的某一功能，用户通过点击或选择执行某种操作，完成某种功能任务。在设计功能图标时要注意各图标的一致性，如比例要协调，同时需要考虑手指触摸区域的范围，图标周围要留有一定的空白。

图 4-6　栏图标　　　　　　　　　　　　图 4-7　小图标

功能图标应具有统一性，即一系列的功能图标风格一致、大小一致。这里的大小一致并不是指图标的大小要完全相同，而是从视觉效果上讲，其给用户的感觉要"大小一致"。例如，同样大小的形状，圆形和长方形给人的视觉感受是有明显差别的，因此功能图标的设计因图标结构而异，尺寸要根据图标形状灵活调整。

🖐知识拓展

人们对图形的反应程度远高于对文字信息的反应程度，图标的设计应多采用几何形状，以简易、一致的原则展开设计，在设计过程中注重内涵的表达，需要高度浓缩产品特点，在提高辨识度的同时便于用户记忆。相同功能的图标在外形上应非常相似，这样的设计可以大幅度降低用户的认知难度。

课后实训

打开自己手机中常用的App，查看下方标签栏中的"我"相关界面的图标，如图4-8所示。你发现了什么？看看其他类似的功能图标是否也是这样设计的。

图4-8 常用App界面图标

4.2 图标设计流程

图标的意义如此重大，那么在图标设计时有哪些需要注意的事项呢？

应用图标因为是App的身份代表，所以需要具备非常高的辨识度，将产品特色通过图标展现出来。图标虽小，但是集产品理念于一身，是产品抽象化的表现。

功能图标主要是在界面中给用户提示，指导其要进行的下一步操作，因此功能图标一定要明确表达用意，不能存在模棱两可的情况，如果需要用户在使用的过程中凭借自己的思维去想象，这个图标就容易引起混乱。另外，图标要显示在界面中，这就要求各图标应当具有统一的风格，如线条的粗细、色彩等均需一致，保持良好、统一的视觉效果是设计的一项重要要求。

图标设计要明确主题，提炼核心形状，进行草图绘制，选择标准色，最后进行设计展示。下面以饮食类App"食小天"为例，讲解图标设计流程。

4.2.1 明确主题

图标设计是根据品牌的调性、产品的功能进行的，不同场景的图标设计方法有区别，因此需要先分析需求，确定图标的功能，清楚设计方向。

本次设计的主题是饮食类App，需要对饮食进行推广，激发用户的用餐欲望。明确设计的主题后，接下来进入核心形状提炼阶段。

4.2.2　提炼核心形状

设计是一种从生活中提取和加工原始素材的思维过程，通过运用创造性的艺术思维，创造出充实、富有灵感的设计作品，是对生活中元素的高度提炼；在生活元素中适当加入个人的艺术感知和表达，实现对事物的艺术创新加工，是设计所需要的重要思维。因此，设计不仅是形似的再现，更是在生活基础上开展的新的艺术形式的展现。

饮食类App的设计思路可以从"民以食为天"出发，"食小天"的名字也来源于此。因为名字是App的重要标识，所以应当彰显该App的主要特征。谈到美食制作，大家自然而然联想出来的有厨师帽、勺子、筷子等，但是直接使用这些元素的图像会显得较为突兀，直观、具体的图像并不适合直接出现在图标中，因此需要对这些元素进行抽象提炼，通过形象化的图形表达内涵。

图形设计非常考验UI设计师的基本功，需要UI设计师提炼设计出成型的图形后，对图形进行夸张变形。

4.2.3　草图绘制

对生活中的实物进行核心形状提炼后，就可以进行草图绘制工作了。在草图绘制过程中，UI设计师需要把提炼出的核心形状进行初步展现。草图的绘制方法和工具有很多种，如可以用笔直接在纸上绘制，这种绘制方法可以及时地保存设计灵感，但因为是人工绘制，所以细节处理会有所欠缺，因而也可以借助软件进行草图绘制。草图的方案不仅限于一种，只要想到好的创意都可以记录下来，团队在集体讨论后选取满意的方案进行后续设计。

在这里要注意一点，图标是实物的抽象提炼，过于复杂或者过于简单的设计都有可能导致图标整体的辨识度降低，给用户带来的视觉感受变差。

基于以上考虑，"食小天"App选取厨师帽、勺子、筷子与"食"字结合体现主题。其中，"食"字的上半部分迎合"民以食为天"的主旨，下半部分象征粮仓，中间用米粒进行点缀。"食小天"图标草图总体带有一点卡通风格，可爱、灵动，如图4-9所示。

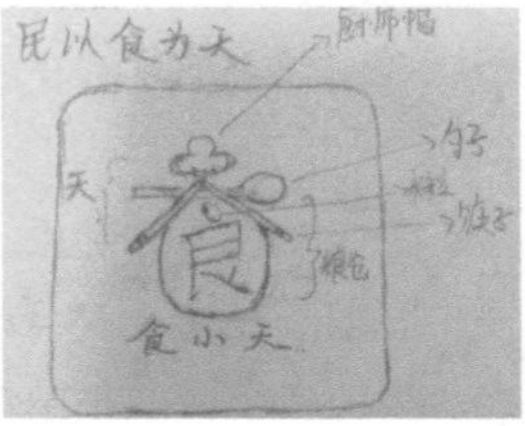

图4-9　"食小天"图标草图

4.2.4　选择标准色

食物的颜色丰富多彩，该App选取橙色作为标准色，期望给用户带来滋润、美味、舒适的印象，并且采用渐变效果，提升整体的设计感。

4.2.5　图标设计

将设计好的草图进一步通过软件进行绘制，将选取的标准色合理融入，对各细节进行调整，完成图标设计工作，如图4-10所示。从图标中可以清晰地看到勺子、筷子、厨师帽、粮仓等实物的影子，融合完成的图标将产品特色很好地表现了出来。细节是体现产品风格的关键，在图标设计的最后，往往会从颜色、质感、造型等方面再加以修改、润色，形成体现产品特色的图标。

图4-10　"食小天"图标

26

4.2.6　切图输出

不同场景对图标大小的要求不同，切图时一般会切出多个不同尺寸的图像，进行图标切图时只需要提供直角图标就可以了，系统会自动将直角图标转换为圆角图标。对于不同的设备尺寸，图标切图可根据需要进行输出。

 课后实训

为旅游行业设计一款旅行类 App 的应用图标。谈到旅行你能想到哪些素材？打算选用什么样的色调？有什么好的设计方案？

4.3　图标设计初探

【课堂案例4-1】

【课堂案例 4-1】时钟图标绘制

时钟图标绘制效果如图4-11所示。

时钟图标绘制

27

1．案例分析

绘制时钟图标选用传统的圆角矩形作为底板，设计清新、简易、不烦琐。

2．主体轮廓提取

时钟图标主要包含表盘、指针、刻度等，通过对实体形象进行抽象完成设计要素提取。

图4-11　时钟图标效果

3．绘制过程

（1）创建画布

在 Photoshop CC 2020 中选择"文件"菜单下的"新建"命令，新建宽度为1500像素、高度为1500像素、分辨率为72像素/英寸的画布。使用组合键【Ctrl+R】将标尺调出，在中心位置拉好参考线。

（2）绘制底板

使用"圆角矩形工具"绘制宽度为1024像素、高度为1024像素、圆角半径为180像素的圆角矩形作为底板，填充颜色（RGB：5,102,113），将该图层命名为"底板"，效果如图4-12所示。

（3）绘制表盘

使用"椭圆工具"绘制宽度和高度均为760像素的正圆，填充颜色（RGB：209,216,220），将图层命名为"表盘"。使用"路径选择工具"，配合组合键【Ctrl+C】、【Ctrl+V】、【Ctrl+T】，将正圆复制、粘贴后缩小成宽、高均为664像素的正圆，在工具栏的"路径操作"中选择"减去顶层形状"命令形成圆环，效果如图4-13所示。

图4-12　时钟图标底板

（4）绘制刻度

① 使用"圆角矩形工具"绘制宽度为28像素、高度为106像素、圆角半径为14像素、颜色为浅灰色（RGB：209,216,220）的圆角矩形，将图层命名为"刻度"，效果如图4-14所示。

② 使用"路径选择工具"选中小圆角矩形，使用组合键【Ctrl+C】、【Ctrl+V】、【Ctrl+T】对其

进行复制、粘贴，将旋转点移动到画布中心，将小圆角矩形旋转90°，效果如图4-15所示。

③ 使用组合键【Ctrl+Alt+Shift+T】进行旋转复制，效果如图4-16所示。

图4-13　时钟图标表盘　　　　图4-14　时钟图标刻度　　　　图4-15　复制刻度操作　　　　图4-16　刻度绘制完成

（5）绘制指针

使用"椭圆工具"绘制宽、高均为36像素的正圆，颜色填充为（RGB：209,216,220），将该图层命名为"指针"。使用"圆角矩形工具"绘制时针和分针，效果如图4-11所示。

【课堂案例4-2】

【课堂案例4-2】学位帽图标绘制

学位帽图标绘制效果如图4-17所示。

1．案例分析

学位帽图标使用黑色作为主色，在设计过程中提取学位帽的核心特征。

2．主体轮廓提取

学位帽图标从学位帽实物中进行形状提炼，主要设计为方形，包含帽子、流苏等部分。

图4-17　学位帽图标效果

3．绘制过程

（1）创建画布

在Photoshop CC 2020中选择"文件"菜单下的"新建"命令，新建宽度为400像素、高度为400像素、分辨率为72像素/英寸的画布。使用组合键【Ctrl+R】将标尺调出，在中心位置设置好参考线。

（2）绘制学位帽主体

① 选择"矩形工具"，绘制宽度与高度均为100像素的矩形，如图4-18所示。

② 对矩形使用组合键【Ctrl+T】自由变换，旋转45°，使用【Ctrl+Alt】调整形状，完成菱形的绘制，如图4-19所示。

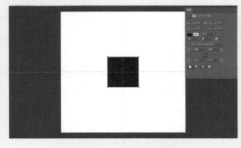 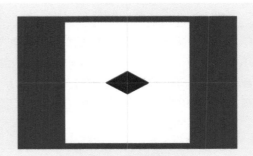

图4-18　矩形绘制　　　　　　　　　　　　　　　图4-19　旋转45°

③ 选择"路径选择工具",按住【Alt】键并拖动鼠标对菱形进行同图层复制,如图4-20所示。

④ 再次使用"路径选择工具"选择下方的菱形,按住【Alt】键,拖动鼠标进行同图层复制,如图4-21所示。

图4-20　复制并调整位置

图4-21　再次复制并调整位置

⑤ 使用"路径选择工具"选择中间的菱形,依次执行工具栏"路径排列方式"中的"将形状置为顶层"命令及"路径操作"中的"减去顶层形状"命令,将中间的菱形减去,如图4-22所示。

⑥ 使用"路径选择工具"选中最上面的菱形,执行"将形状置为顶层"命令,如图4-23所示。执行效果如图4-24所示。

29

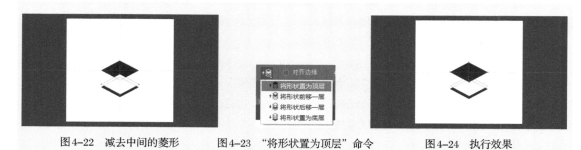

图4-22　减去中间的菱形　　　图4-23　"将形状置为顶层"命令　　　图4-24　执行效果

⑦ 使用"路径选择工具",结合【Shift】键,同时选中中间和最下面的菱形,将其上移。执行工具栏"路径操作"中的"合并形状组件"命令,效果如图4-25所示。

⑧ 选择"矩形工具",结合【Alt】键,将下方左侧菱形的边缘进行裁减处理,完成后的效果如图4-26所示。

图4-25　位置调整

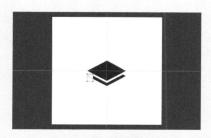

图4-26　左侧细节调整

⑨ 使用组合键【Ctrl+C】、【Ctrl+V】对左侧被裁减的矩形进行复制、粘贴,使用组合键【Ctrl+T】自由变换,将旋转点平移到水平参考线和垂直参考线的相交点。在复制完成的矩形上单击鼠标右键选择执行"水平翻转"命令,效果如图4-27所示。

⑩ 选择工具栏中"路径操作"中的"合并形状组件"命令，完成绘制。

（3）绘制流苏

使用"矩形工具"，按住【Shift】键，在同一图层绘制图4-28所示的流苏。

图4-27　右侧细节调整　　　　　　　　　　　图4-28　流苏绘制

【课堂案例 4-3】折页图标绘制

【课堂案例4-3】

折页图标绘制

折页图标绘制效果如图4-29所示。

1．案例分析

折页图标选用黑色作为主色，通过对称上下错层呈现折页效果。折页图标由平行四边形组合形成，从折页展开的状态中进行主体轮廓提取。

2．绘制过程

（1）创建画布

在Photoshop CC 2020中选择"文件"菜单下的"新建"命令，新建宽度为400像素、高度为400像素、分辨率为72像素/英寸的画布。使用组合键【Ctrl+R】将标尺调出，在中心位置拉好参考线。

图4-29　折页图标效果

（2）绘制中间折页

① 从中心点出发，使用"矩形工具"绘制矩形，如图4-30所示。

② 对绘制的矩形使用组合键【Ctrl+T】执行自由变换，单击鼠标右键，在弹出的快捷菜单中选择"斜切"命令，将其进行斜切变形，如图4-31所示。

图4-30　矩形绘制　　　　　　　　　　　　图4-31　斜切调整

（3）绘制左侧折页

① 使用"路径选择工具"选中平行四边形，使用组合键【Ctrl+C】、【Ctrl+V】进行复制、粘贴，再使用组合键【Ctrl+T】自由变换，将旋转点水平移动到该平行四边形左侧与水平参考线的相交点上，如图4-32所示。

② 继续在该图形上单击鼠标右键，选择执行"水平翻转"命令，如图4-33所示。

图4-32　旋转点移动

图4-33　翻转调整

（4）绘制右侧折页

① 使用同样的方法，用"路径选择工具"选择画面中间的平行四边形，使用组合键【Ctrl+C】、【Ctrl+V】进行复制、粘贴，使用组合键【Ctrl+T】将旋转点移动到该平行四边形右侧与水平参考线的相交点上，如图4-34所示。

② 在该平行四边形上单击鼠标右键，选择执行"水平翻转"命令，效果如图4-35所示。

图4-34　复制中间的平行四边形并调整旋转点

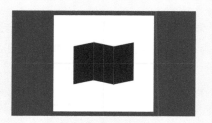

图4-35　水平翻转

（5）绘制中间折页镂空

① 再次使用"路径选择工具"选择画面中间的平行四边形，使用组合键【Ctrl+C】、【Ctrl+V】进行复制、粘贴，使用组合键【Ctrl+T】自由变换，完成镂空形状调整，如图4-36所示。

② 依次选择工具栏中"路径操作"中的"减去顶层形状"命令、"合并形状组件"命令，完成图标绘制，如图4-37所示。

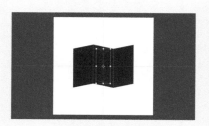

图4-36　镂空形状调整

图4-37　完成图标绘制

👆 **知识拓展**

通过观察，图标端点多为直角和圆角，在设计过程中应当保持统一的图标端点。对一组功能图标来讲，内部空间布局应当高度一致，如果内部空间的比例不一致，就容易导致图标给用户带来视觉重点不一致的感觉，要尽量避免重心偏上或者偏下的情况，保持整体视觉效果统一。

💬 课后实训

绘制图4-38所示的Android手机相册图标，要求图标尺寸大小合适、布局合理。

图4-38　Android手机相册图标

4.4　本单元小结

本单元主要介绍了图标的概念，并对图标设计流程进行了梳理。通过对本单元的学习，读者能够对图标设计的基础知识有较为深入的了解。

4.5　课后练习题

1. 优质的图标一般具备哪些特点？
2. 图标的核心形状如何提炼？
3. 在设计不同功能的图标时要特别注意哪些方面？

移动 App 图标风格

按照设计风格，图标可以分为剪影图标、扁平化图标、拟物化图标等。在进行图标设计之前要先明确图标风格，保证整个 UI 设计风格的统一。

素质目标：

1. 培养学生精益求精的工匠精神；
2. 培养学生发现美、创造美的能力。

知识目标：

1. 了解图标风格分类；
2. 了解剪影图标的特点；
3. 了解扁平化图标的特点；
4. 了解拟物化图标的特点。

技能目标：

1. 能够进行剪影图标设计；
2. 能够进行扁平化图标设计；
3. 能够进行拟物化图标设计。

5.1 剪影图标设计

剪影图标多用线条和色块进行设计，整体简洁、不复杂，没有冗余，是对具体实物高度凝练的产物，经常被应用在界面的功能图标中。在剪影图标设计中一定要注意千万不要东拼西凑、想到哪里设计到哪里，一定要大致轮廓统一、风格统一、线条统一、色彩统一、大小统一，切忌杂乱无章。

剪影图标可以分为线性图标和面性图标，在实际应用中，两种图标随时切换，如线性图标表示未选中状态，面性图标表示选中状态。这种区分可以带来良好的用户体验，将功能明确告知用户。

线性图标以描边为主，面性图标以填充为主，剪影图标如图 5-1 所示。

图 5-1 剪影图标

5.1.1 线性剪影图标设计

绘制图标时，不同的设计师有不同的设计习惯，他们使用的设计方法可能不同，但都可以实现设计目标。接下来针对线性图标进行案例讲解。

为了方便后续设计，首先对 Photoshop 软件进行首选项设置。

（1）打开 Photoshop CC 2020 软件，选择"编辑"菜单"首选项"下的"常规"命令，打开"首选项"对话框，如图 5-2 所示。

图 5-2 "首选项"对话框

34

（2）选择"单位与标尺"选项，修改"单位"，如图 5-3 所示。

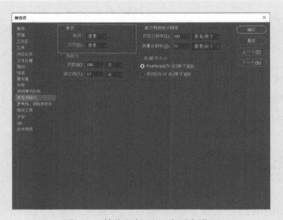

图 5-3 "单位与标尺"选项卡设置

（3）选择"工具"选项，勾选"在使用'变换'时显示参考点"复选框，如图 5-4 所示。

图 5-4 "工具"选项卡设置

至此，首选项设置完成，下面进入图标设计流程。

【课堂案例5-1】线性天气图标绘制

线性天气图标绘制

线性天气图标绘制效果如图5-5所示。

1．案例分析

本线性天气图标以云朵为主要参照物。云朵的形状较为灵活多变，选取关键节点时，应将重心放在云朵柔软、细腻的细节上。

图5-6所示是日常生活中拍摄的一张云朵图片。根据生活中的观察和体验，可知与天气较为相关的元素是云朵和阳光，云朵和阳光的不同表现呈现出天气的不同状态，因此绘制本图标要对云朵进行抽象化元素提取。

图5-5 线性天气图标效果

图5-6 生活中的云朵

从实物中提取核心元素，最终确定以大小不同的圆来体现云朵的百变形态，用太阳来体现阳光，以这样的思路设计出的图标既简洁又大方。

2．绘制过程

（1）创建画布

在Photoshop CC 2020中选择"文件"菜单下的"新建"命令，新建宽度为400像素、高度为400像素、分辨率为72像素/英寸的画布。使用组合键【Ctrl+R】将标尺调出，在中心位置拉好参考线。

（2）绘制云朵

① 以中心点为基准，使用"椭圆工具"，取消填充，设置黑色描边，绘制宽度与高度均为172像素的正圆，如图5-7所示。

② 按住【Shift】键，在当前图层上继续使用"椭圆工具"绘制宽度与高度均为96像素的正圆，如图5-8所示。

③ 使用同样的方法，继续按住【Shift】键，使用"椭圆工具"绘制宽度与高度均为120像素的正圆，如图5-9所示。

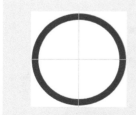

图5-7 大圆绘制

图5-8 小圆绘制

图5-9 中圆绘制

④ 按住【Shift】键，使用"矩形工具"绘制图5-10所示的矩形。

35

⑤ 合并形状组件，完成云朵绘制，将图层命名为"云朵"，如图 5-11 所示。

注意：这里需要按住【Shift】键保证接下来绘制的形状与之前绘制的形状在同一图层，只有同一图层的形状才可以进行布尔运算等相关操作。

（3）绘制太阳

选择"椭圆工具"，取消填充，设置黑色描边，绘制宽度与高度均为 110 像素的正圆，作为太阳主体，将图层命名为"太阳主体"，如图 5-12 所示。

图 5-10　矩形绘制

图 5-11　合并形状组件

图 5-12　太阳主体绘制

（4）绘制光芒

① 拉好太阳主体的对称参考线，随后使用"矩形工具"绘制图 5-13 所示的"光芒"。

② 使用"路径选择工具"选中光芒，按组合键【Ctrl+T】后出现旋转点，把旋转点移动到太阳主体的中心点位置，如图 5-14 所示，这样复制出来的光芒会围绕这一中心点旋转。

③ 将光芒旋转 30°，如图 5-15 所示。

图 5-13　光芒初步绘制

图 5-14　旋转点移动

图 5-15　光芒旋转

④ 重复使用组合键【Ctrl+Alt+Shift+T】旋转复制，完成光芒形状，将图层命名为"太阳光芒"，效果如图 5-16 所示。

⑤ 将云朵内部的光芒去除。可以直接使用"路径选择工具"并按住【Shift】键将云朵内部的光芒同时选中，如图 5-17 所示。按【Delete】键删除云朵内部光芒后的效果如图 5-18 所示。

图 5-16　光芒形状绘制

图 5-17　选中云朵内部光芒

图 5-18　删除云朵内部光芒

⑥ 在"太阳主体"图层上，使用"添加锚点工具"在图 5-19 所示的位置添加两个锚点。

⑦ 使用"直接选择工具"选中图5-20所示的锚点，按【Delete】键将其删除，效果如图5-21所示。

图5-19　锚点添加

图5-20　选择锚点

图5-21　删除锚点后的效果

⑧ 使用同样的方法选择图5-22所示的锚点，按【Delete】键将其删除，效果如图5-23所示。

图5-22　选中锚点

图5-23　删除锚点后的效果

⑨微调位置，合并形状组件，效果如图5-5所示。

【课堂案例5-2】

线性开关图标绘制

【课堂案例 5-2】线性开关图标绘制

线性开关图标绘制效果如图5-24所示。

1．案例分析

设计开关图标时可以联想到传统挂锁的开关状态，从挂锁实物中提取核心形状用于加工，完成绘制工作。

2．绘制过程

（1）创建画布

在Photoshop CC 2020中选择"文件"菜单下的"新建"命令，新建宽度为400像素、高度为400像素、分辨率为72像素/英寸的画布。使用组合键【Ctrl+R】将标尺调出，在中心位置拉好参考线。

（2）绘制挂锁

① 使用"圆角矩形工具"，取消填充，设置黑色描边，绘制宽度为128像素、高度为98像素、圆角半径为30像素的圆角矩形，如图5-25所示。

图5-24　线性开关图标效果

图5-25　圆角矩形绘制

② 继续使用"圆角矩形工具"绘制图5-26所示的宽度为72像素、高度为104像素、圆角半径

为 30 像素的圆角矩形。

③ 使用"添加锚点工具"在图 5-27 所示的位置添加锚点。

④ 使用"直接选择工具"选中图 5-28 所示的锚点，按【Delete】键将其删除，效果如图 5-29 所示。

图 5-26 　再次绘制圆角矩形　　　　　图 5-27 　添加锚点　　　　　图 5-28 　选择锚点

⑤ 使用"直接选择工具"选中图 5-30 所示的锚点，按【Delete】键将其删除，效果如图 5-31 所示。

图 5-29 　删除锚点　　　　　图 5-30 　选择锚点　　　　　图 5-31 　删除锚点

⑥ 使用"直接选择工具"选择图 5-32 中的锚点，将其向上移动，调整到合适位置，如图 5-33 所示。

⑦ 使用"矩形工具"绘制矩形，选择"路径选择工具"，按住【Alt】键拖动鼠标复制矩形，使其均匀分布，如图 5-34 所示。

图 5-32 　选择锚点　　　　　图 5-33 　移动锚点　　　　　图 5-34 　绘制矩形

⑧ 使用组合键【Ctrl+T】自由变换，进行形状调整，效果如图 5-24 所示。

【课堂案例 5-3】线性删除图标绘制

线性删除图标绘制效果如图 5-35 所示。

【课堂案例 5-3】

线性删除图标绘制

1.案例分析

线性删除图标主要用来进行删除等操作，属于功能图标。在人们的日常使用中对功能图标已经逐步形成了较为统一的认知，设计这类图标时应当遵循人们的认知规律。因此，我们用垃圾桶造型表示删除。线性删除图标主要包括垃圾桶的主体和垃圾桶的盖子部分。

图5-35　线性删除图标效果

2.绘制过程

（1）创建画布

在Photoshop CC 2020中选择"文件"菜单下的"新建"命令，新建宽度为400像素、高度为400像素、分辨率为72像素/英寸的画布。使用组合键【Ctrl+R】将标尺调出，在中心位置拉好参考线。

（2）绘制垃圾桶桶身

① 选择"圆角矩形工具"，取消填充，设置黑色描边，绘制圆角矩形，作为垃圾桶桶身轮廓，将图层命名为"桶身轮廓"，效果如图5-36所示。

② 使用"直线工具"在桶身内部绘制3条竖线，使其在水平方向均匀分布，将图层命名为"桶身纹理"，效果如图5-37所示。

（3）绘制垃圾桶桶盖

① 使用"直接选择工具"选中"桶身轮廓"图层中图5-38所示的锚点。

② 按【Delete】键将该锚点删除，如图5-39所示。

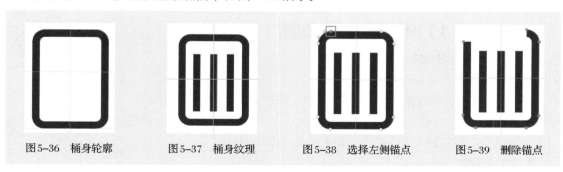

图5-36　桶身轮廓　　　　图5-37　桶身纹理　　　　图5-38　选择左侧锚点　　　　图5-39　删除锚点

③ 使用"直接选择工具"选中"桶身轮廓"图层中图5-40所示的锚点。

④ 按【Delete】键将该锚点删除，调整"桶身纹理"图层中3条竖线的长度和位置，如图5-41所示。

⑤ 使用"直线工具"在桶身上部绘制一条水平线，将图层命名为"桶盖"，如图5-42所示。

⑥ 使用"圆角矩形工具"绘制图5-43所示的圆角矩形作为桶盖的把手，将图层命名为"把手"。

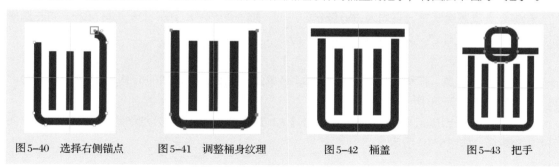

图5-40　选择右侧锚点　　　　图5-41　调整桶身纹理　　　　图5-42　桶盖　　　　图5-43　把手

⑦ 使用"直接选择工具"选中"把手"图层中图5-44所示的锚点。

⑧ 按【Delete】键将该锚点删除，效果如图5-45所示。

⑨ 继续使用"直接选择工具"选中"把手"图层中图5-46所示的锚点。

⑩ 按【Delete】键将该锚点删除，效果如图5-47所示。整体位置微调后完成图标绘制，效果如图5-35所示。

图5-44 把手左侧锚点　　　图5-45 左侧把手删除效果　　　图5-46 把手右侧锚点　　　图5-47 右侧把手删除效果

5.1.2　面性剪影图标设计

面性图标以填充为主要特征，具有一定的美学一致性。这里的美学一致性是指图标中的各种类似元素保持一致，例如，选取的圆角矩形的尺寸、颜色等，如果多次出现，则应当在凸显主题的前提下保持一致。

【课堂案例5-4】

面性确认图标绘制

【课堂案例5-4】面性确认图标绘制

面性确认图标绘制效果如图5-48所示。

1．案例分析

确认图标使用对号的造型来表示确认操作，选取土黄色为底色，对号选取白色进行突出显示。

底板采用常见的圆形，对号的两个矩形一长一短宽度相等。

2．绘制过程

（1）创建画布

图5-48　面性确认图标效果

在Photoshop CC 2020中选择"文件"菜单下的"新建"命令，新建宽度为400像素、高度为400像素、分辨率为72像素/英寸的画布。使用组合键【Ctrl+R】将标尺调出，在中心位置拉好参考线。

（2）绘制底板

在中心点位置绘制宽、高均为200像素的正圆，填充颜色（RGB：226,163,12），将正圆所在图层命名为"椭圆1"，如图5-49所示。

（3）绘制对号

① 从中心点出发，在新图层上绘制宽度为134像素、高度为80像素的矩形，将其所在图层命名为"矩形1"，如图5-50所示。

② 使用"路径选择工具"选中矩形，按住【Alt】键向左侧和上侧分别移动12像素，在同一图层上复制矩形，如图5-51所示。

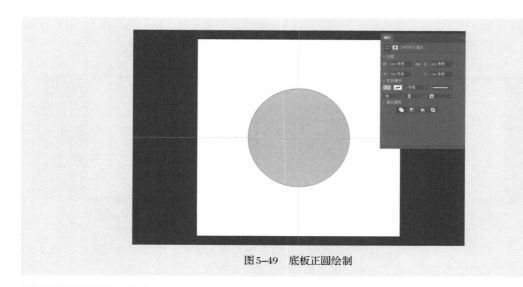

图5-49 底板正圆绘制

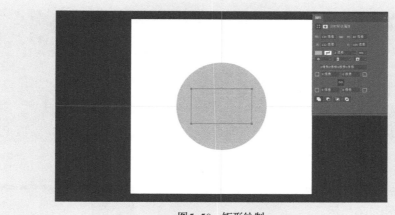

图5-50 矩形绘制

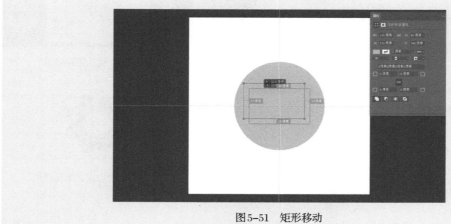

图5-51 矩形移动

③ 暂时将"椭圆1"图层隐藏，在"矩形1"图层上使用"路径选择工具"选中矩形，执行工具栏"路径操作"中的"减去顶层形状"命令，实现图5-52所示的效果。

④ 选择两个矩形，执行"路径操作"中的"合并形状组件"命令后，使用组合键【Ctrl+T】将形状翻转、旋转，如图5-53所示。

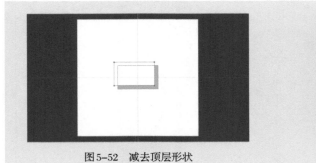

图5-52　减去顶层形状　　　　　　　　图5-53　翻转、旋转

⑤ 显示"椭圆1"图层，同时选中"椭圆1"和"矩形1"图层，使用组合键【Ctrl+E】对图5-54所示的选中图层进行合并。合并后的效果如图5-55所示。

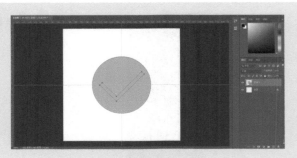

图5-54　选中拟合并图层　　　　　　　图5-55　图层合并

⑥ 执行工具栏"路径操作"中的"减去顶层形状"命令将对号减去，效果如图5-56所示。

⑦ 合并形状组件，完成图标绘制。

【课堂案例5-5】面性设置图标绘制

面性设置图标绘制效果如图5-57所示。

1. 案例分析

使用黑色作为设置图标的主色，对齿轮实物造型进行形状提炼，齿轮缺口采用弧度设计。

2. 绘制过程

在Photoshop CC 2020中选择"文件"菜单下的"新建"命令，新建宽度为400像素、高度为400像素、分辨率为72像素/英寸的画布。使用组合键【Ctrl+R】将标尺调出，在中心位置拉好参考线。

（1）绘制圆环

① 使用"椭圆工具"绘制一个从中心点出发的宽、高均为200像素的黑色正圆，如图5-58所示。

【课堂案例5-5】

面性设置图标绘制

图5-56　确认图标效果

图5-57　面性设置图标效果

42

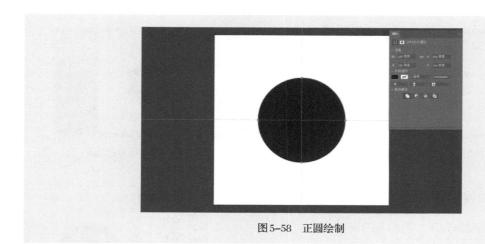

图 5-58 正圆绘制

② 使用"路径选择工具"将正圆选中，使用组合键【Ctrl+C】、【Ctrl+V】进行复制、粘贴，使用组合键【Ctrl+T】进行自由变换，将新复制的宽、高均为 200 像素的正圆缩小到宽、高均为 80 像素，执行"路径操作"中的"减去顶层形状"命令，形成中间的小圆，效果如图 5-59 所示。

（2）绘制弧形齿轮轮廓

① 使用"路径选择工具"选中中间的小圆，按住【Alt】键，沿垂直方向拖动鼠标，效果如图 5-60 所示。

图 5-59 圆环绘制　　　　　　　　　　　　　　　图 5-60 小圆移动

② 对移动复制出的小圆使用组合键【Ctrl+C】、【Ctrl+V】进行复制、粘贴，使用组合键【Ctrl+T】自由变换，将旋转点移动到参考线的相交点上，如图 5-61 所示。

③ 将小圆旋转 45°，如图 5-62 所示。

图 5-61 旋转点调整

图 5-62 旋转 45°

④ 使用组合键【Ctrl+Alt+Shift+T】重复复制、粘贴和旋转小圆，效果如图 5-63 所示。

⑤ 合并形状组件，完成图标绘制，如图 5-64 所示。

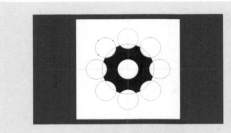

图5-63　重复复制、粘贴、旋转

图5-64　齿轮图标绘制完成

【课堂案例5-6】面性笑脸图标绘制

面性笑脸图标绘制

面性笑脸图标绘制效果如图5-65所示。

1．案例分析

笑脸图标使用黑色作为主色，以白色的眼睛、嘴巴形状表现。

2．主体轮廓提取

笑脸图标对人物面部实物造型进行形状提炼，包含用圆代表的脸和眼

图5-65　面性笑脸图标效果

睛、用半圆代表的嘴巴，整体的形象非常简单，无多余元素。

3．绘制过程

（1）创建画布

在Photoshop CC 2020中选择"文件"菜单下的"新建"命令，新建宽度为400像素、高度为400像素、分辨率为72像素/英寸的画布。使用组合键【Ctrl+R】将标尺调出，在中心位置拉好参考线。

（2）绘制脸部

使用"椭圆工具"绘制一个从中心点出发的宽、高均为200像素的黑色正圆，如图5-66所示，将图层命名为"椭圆1"。

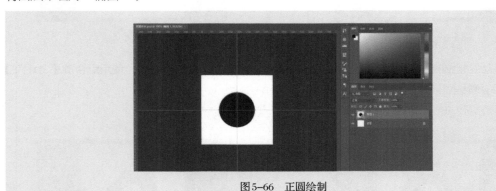

图5-66　正圆绘制

（3）绘制嘴巴

① 使用"椭圆工具"绘制一个从中心点出发的宽、高均为120像素的正圆，将图层命名为"椭圆2"。将"椭圆1"图层隐藏，在"椭圆2"图层上使用"矩形工具"配合【Alt】键绘制一个矩形，将宽、高均为120像素的小圆的上半部分减掉，如图5-67所示。

② 执行工具栏"路径操作"中的"合并形状组件"命令完成形状组件合并。显示"椭圆1"图层，将"椭圆1"图层和"椭圆2"图层合并，如图5-68所示。

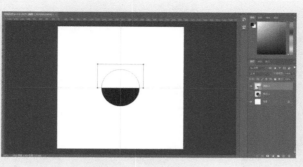

图5-67 减去上半圆

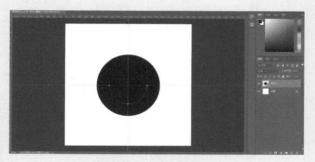

图5-68 图层合并

③ 执行工具栏"路径操作"中的"减去顶层形状"命令，完成笑脸图标嘴巴部分的绘制，如图5-69所示。

（4）绘制眼睛

① 选择"椭圆2"图层，按住【Alt】键，使用"椭圆工具"绘制一个宽、高均为26像素的正圆作为左侧眼睛，如图5-70所示。

图5-69 嘴巴绘制完成

② 对左侧眼睛使用组合键【Ctrl+C】、【Ctrl+V】复制、粘贴，随后使用组合键【Ctrl+T】自由变换，将旋转点水平移动到水平和垂直参考线相交的中心点位置，执行"水平翻转"命令，绘制右侧眼睛。

③ 将左侧眼睛和右侧眼睛合并形状组件，完成图标绘制，如图5-71所示。

图5-70 左侧眼睛绘制

图 5-71　右侧眼睛绘制

【课堂案例 5-7】面性相机图标绘制

【课堂案例 5-7】

面性相机图标绘制

面性相机图标绘制效果如图 5-72 所示。

1．案例分析

相机图标使用黑色作为主色，直接对相机轮廓进行呈现。

2．主体轮廓提取

相机图标从相机实物中进行形状提炼，突出展现镜头和相机的造型。镜头选取圆环造型；相机主体选用圆角矩形轮廓，配合梯形完成主体造型设计。

图 5-72　面性相机图标效果

3．绘制过程

（1）创建画布

在 Photoshop CC 2020 中选择"文件"菜单下的"新建"命令，新建宽度为 400 像素、高度为 400 像素、分辨率为 72 像素 / 英寸的画布。使用组合键【Ctrl+R】将标尺调出，在中心位置拉好参考线。

（2）绘制相机主体

使用"圆角矩形工具"绘制宽度为 180 像素、高度为 120 像素、圆角半径为 20 像素的黑色圆角矩形作为相机的主体部分，如图 5-73 所示。

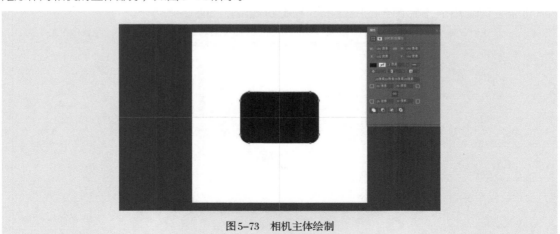

图 5-73　相机主体绘制

46

（3）绘制镜头

① 使用"椭圆工具"，按住【Alt】键，以中心点为圆心绘制一个宽、高均为76像素的正圆，作为外镜头，如图5-74所示。

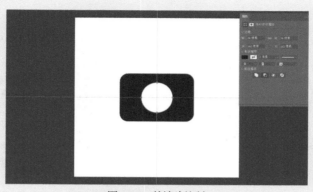

图5-74 外镜头绘制

② 使用"椭圆工具"，按住【Shift】键，在同图层上绘制宽、高均为36像素的正圆，作为内镜头，如图5-75所示。

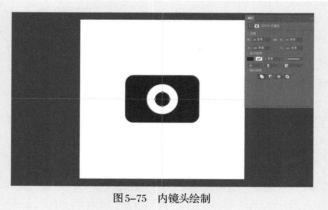

图5-75 内镜头绘制

（4）调整轮廓

① 使用"矩形工具"，按住【Shift】键，在同图层上绘制一个宽度为56像素、高度为12像素的矩形，作为轮廓，如图5-76所示。

图5-76 轮廓绘制

② 使用"直接选择工具"选择矩形左下角的锚点，按住【Shift】键，将其向左平移10像素，如图5-77所示。

③ 使用同样的方法选择矩形右下角的锚点，按住【Shift】键，将其向右平移10像素，如图5-78所示。

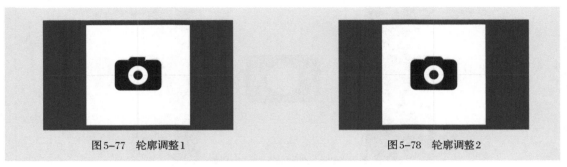

图5-77　轮廓调整1　　　　　　　　　　图5-78　轮廓调整2

④ 合并形状组件，完成图标绘制。

48

【课堂案例5-8】 **面性文档图标绘制**

【课堂案例 5-8】

面性文档图标绘制

面性文档图标绘制效果如图5-79所示。

1．案例分析

文档图标使用黑色作为主色，文档中的内容则以反差色白色作为主色。

2．主体轮廓提取

文档主要由纸张和内容组成，因此在设计文档图标时也将重点放在这两部分上。文档主要是文本内容的记录，在设计过程中将文本抽象为矩形呈现。

图5-79　面性文档图标效果

3．绘制过程

（1）创建画布

在Photoshop CC 2020中选择"文件"菜单下的"新建"命令，新建宽度为400像素、高度为400像素、分辨率为72像素/英寸的画布。使用组合键【Ctrl+R】将标尺调出，在中心位置拉好参考线。

（2）绘制纸张

选择"圆角矩形工具"绘制宽度为160像素、高度为200像素、圆角半径为40像素的圆角矩形，如图5-80所示。

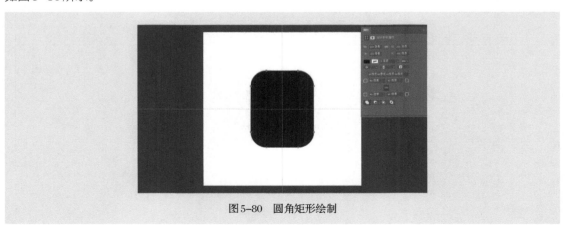

图5-80　圆角矩形绘制

（3）绘制"文字"

① 使用"矩形工具"，按住【Alt】键，在圆角矩形所在图层上绘制宽度为94像素、高度为12像素的矩形，效果如图5-81所示。

② 选择"路径工具"，再次按住【Alt】键，为保证沿垂直方向直线移动，配合使用【Shift】键，拖动鼠标向下移动矩形。重复操作3次后，对最下面的矩形使用组合键【Ctrl+T】，将其缩短到宽度为56像素、高度为12像素，如图5-82所示。

③ 按住【Shift】键，同时将4个矩形选中，单击工具栏"路径对齐方式"中的"垂直居中分布"按钮调整间距，效果如图5-83所示。

图5-81　单行文字绘制　　　　图5-82　多行文字绘制　　　　图5-83　多行文字分布

④ 合并形状组件，完成形状绘制。

🖐 知识拓展

　　线性和面性剪影图标并不是孤立的，线面结合的图标在设计时也经常出现。线性图标以线条为主，构成简洁，要求线条的粗细要统一，曲线的柔和度要高。面性图标有单色图标、渐变色图标等，为了更好地迎合产品特色，可以在面性图标中加入品牌的主色作为装饰，达到与品牌更好地融合的目的。线面结合的图标一般会在面性图标的基础上加描边色，这种图标经常出现在底部标签栏中。

💬 课后实训

　　利用所学知识绘制图 5-84 所示的图标，要求在绘制过程中正确处理图层关系。

图5-84　图标效果

5.2　扁平化图标设计

　　扁平化图标去除了特殊、复杂的效果，只保留图标本身要表达的内容，可大大减轻用户的视觉负担。扁平化风格在如今的设计界仍然是一种UI设计师特别钟爱的设计风格。

　　扁平化风格通过抽象、提炼、优化将设计元素整合，简单、直接地对信息进行表达。扁平化图标按照其特点主要分为纯平面扁平化图标、折纸风扁平化图标、长投影扁平化图标、轻折叠扁平化图标、微立体扁平化图标等。下面通过案例进行讲解。

5.2.1 纯平面扁平化图标

纯平面扁平化图标是简洁、清晰的扁平化图标，辨识度非常高，色彩简单。因为图标简单、清新，所以在色彩选取上更加明朗，体现更加舒适的设计感。

【课堂案例5-9】纯平面扁平化电池图标设计

纯平面扁平化电池图标绘制效果如图5-85所示。

1. 案例分析

从实物电池出发，观察电池的组成，电池主要由电池主体、电池电极等构成，如图5-86所示。考虑从具体到抽象的提炼，增加电量作为标识。

在色彩的选取上，考虑商务应用场景，这款纯平面扁平化电池图标的底板选择蓝色。

[课堂案例5-9]

纯平面扁平化电池
图标设计

图5-85 纯平面扁平化电池图标效果

2. 绘制过程

（1）创建画布

在Photoshop CC 2020中选择"文件"菜单下的"新建"命令，新建宽度为1200像素、高度为1200像素、分辨率为72像素/英寸的画布。使用组合键【Ctrl+R】将标尺调出，在中心位置拉好参考线。

图5-86 电池实物

（2）绘制底板

选择"圆角矩形工具"，从中心点出发，绘制一个宽和高均为1024像素、圆角半径为180像素的圆角矩形，填充蓝色（RGB：93,119,185），将图层命名为"底板"，效果如图5-87所示。

（3）绘制电池主体

选择"圆角矩形工具"，绘制宽度为278像素、高度为440像素、圆角半径为20像素的圆角矩形，填充白色，作为电池的主体部分。在当前圆角矩形的内部再次绘制宽为280像素，高为386像素、圆角半径为20像素的圆角矩形，绘制时按住【Shift】键，保证新绘制的圆角矩形与原来的圆角矩形在同一个图层上。使用"路径选择工具"选中小圆角矩形，依次执行工具栏"路径操作"中的"减去顶层形状"命令、"合并形状组件"命令。至此，电池主体绘制完成，将图层命名为"电池主体"，如图5-88所示。

图5-87 蓝色底板绘制

图5-88 电池主体绘制

（4）绘制电极

使用"矩形工具"绘制宽度为80像素、高度为60像素的矩形作为电极的初始形状，如图5-89所示，将图层命名为"电极"。切换到"直接选择工具"，调整电极上方的两个点，保证其对称收缩，形成梯形的电极形状。

（5）绘制电量

① 使用"矩形工具"绘制宽度为180像素、高度为260像素的矩形作为电量形状，将电量形状所在图层命名为"电量"，如图5-90所示。

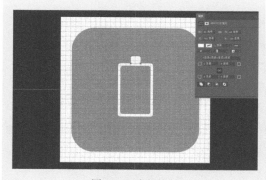
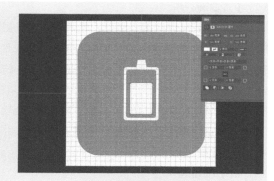

图5-89　电极绘制　　　　　　　　　　　　图5-90　电量绘制

② 按住【Shift】键，使用"矩形工具"，在"电量"图层上绘制矩形形状，如图5-91所示。

③ 使用"路径选择工具"选择矩形，使用组合键【Ctrl+T】将其旋转，如图5-92所示。

图5-91　矩形绘制　　　　　　　　　　　　图5-92　矩形旋转

④ 执行工具栏"路径操作"中的"减去顶层形状"命令，将矩形减去，完成电量形状的切割，如图5-93所示。

⑤ 执行工具栏"路径操作"中的"合并形状组件"命令，电量形状绘制完成。

⑥ 整体调整。将"电池主体""电极""电量"图层同时选中，使用组合键【Ctrl+T】将其旋转，去除网格、参考线，完成图标绘制，如图5-94所示。

图5-93　电量形状完成　　　　　　　　　　图5-94　整体调整

5.2.2　折纸风扁平化图标

折纸风格的图标具有立体视觉效果，能给用户一定的空间感。目前来看，折纸风扁平化图标因其多元的表现力以及强大的空间可塑性在设计领域备受青睐。

【课堂案例 5-10】折纸风扁平化信封爱心未读图标设计

折纸风扁平化信封爱心未读图标效果如图 5-95 所示。

1. 案例分析

选取折纸风进行图标设计，考虑到应用场景为"情人节的悄悄话"，所以选取爱心和信封作为主要元素；在颜色选取上，采用热情奔放的红色以及温柔浪漫的粉色作为主色，通过深浅不同的颜色及图层顺序的改变形成折纸的层次感。折纸风扁平化图标通常通过不同的微色差、不同的明度塑造折叠的效果，并适当添加投影构造立体层次感。

图 5-95　折纸风扁平化信封爱心未读图标效果

2. 绘制过程

（1）创建画布

在 Photoshop CC 2020 中选择"文件"菜单下的"新建"命令，新建宽度为 1200 像素、高度为 1200 像素、分辨率为 72 像素 / 英寸的画布。使用【Ctrl+R】将标尺调出，在中心位置拉好参考线。

（2）绘制底板

使用"圆角矩形工具"，从中心点出发，绘制宽和高均为 1024 像素、圆角半径为 180 像素的圆角矩形，填充灰色（RGB：190,190,190），将图层命名为"底板"，效果如图 5-96 所示。

（3）绘制信封主体

① 使用"矩形工具"绘制宽度为 720 像素、高度为 380 像素的矩形，颜色为粉色（RGB：193,104,126），作为信封主体，将图层命名为"信封主体"，如图 5-97 所示。

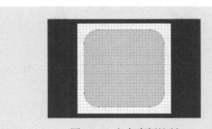

图 5-96　灰色底板绘制

图 5-97　信封主体

② 使用"多边形工具"，设置边数为 3，绘制三角形作为信封的"盖"，将图层命名为"信封盖"。为了更好地体现折纸效果，信封上方的盖选取颜色稍浅的粉色（RGB：242,156,177），如图 5-98 所示。

③ 使用"直接选择工具"调整三角形的各锚点，效果如图 5-99 所示。

图 5-98　信封盖初步绘制

图 5-99　信封盖调整

④ 对信封盖使用组合键【Ctrl+J】复制，生成新的"信封盖拷贝"图层，在该图层中选择信封盖三角形状，然后使用组合键【Ctrl+T】自由变换，按住【Alt】键将旋转点移动到信封主体中心位置，如图5-100所示。

⑤ 在信封盖三角形状上单击鼠标右键，在弹出的快捷键菜单中选择"垂直翻转"，效果如图5-101所示。

图5-100　旋转点移动　　　　　　　　　图5-101　信封底绘制

⑥ 更换信封底的颜色为较深的颜色（RGB：157,79,98），形成错层感，将图层命名为"信封底"，如图5-102所示。

⑦ 调整图层顺序，将"信封盖"图层调至"信封底"图层上方，效果如图5-103所示。

图5-102　信封底颜色更换　　　　　　图5-103　信封盖和信封底图层顺序更换

⑧ 选择"信封盖"图层，使用组合键【Ctrl+J】将其复制，副本图层命名为"阴影"，修改"阴影"图层中三角形颜色为黑色。使用"直接选择工具"调整该三角形下方锚点，修改"不透明度"为"30%"。调整图层顺序，将"阴影"图层调至"信封盖"图层下方，制造阴影效果，如图5-104所示。

⑨ 选择"信封盖"图层，使用组合键【Ctrl+J】对其进行复制，生成副本图层，将图层命名为"信封盖左"。在该图层上使用"矩形工具"，按住【Alt】键，将其右侧部分减去，合并形状组件后的图层如图5-105所示。

图5-104　阴影效果　　　　　　　　　　图5-105　信封盖分割图层

⑩ 修改"信封盖左"图层颜色（RGB：212,141,159），效果如图5-106所示。

⑪ 按照上述操作，同样对"信封底"图层进行复制、分割、变换颜色（RGB：152,75,93）操作，效果如图5-107所示。

图5-106　图层变换颜色效果

图5-107　信封折叠效果

（4）绘制爱心

① 绘制爱心，颜色为红色（RGB：202,17,62），将图层命名为"红心形卡1"，如图5-108所示。

② 将"红心形卡1"图层复制，并将图层命名为"红心形卡1拷贝"，通过颜色色差制作爱心左右折叠效果，使用组合键【Ctrl+G】对"红心形卡1""红心形卡1拷贝"图层进行编组，组命名为"爱心"。并将其旋转到合适位置，如图5-109所示。

图5-108　爱心绘制

图5-109　爱心折叠效果

③ 将"爱心"组复制3份，修改颜色，均通过同色系不同深浅的颜色来实现折叠效果，整体效果如图5-110所示。

④ 使用组合键【Ctrl+;】隐藏参考线，效果如图5-111所示。

图5-110　爱心组合完成

图5-111　信封爱心未读图标效果

⑤ 为"信封底"图层添加"投影"图层样式，"混合模式"选择"正片叠底"，设置颜色（RGB：93,20,43），其他参数设置如图5-112所示，设置完成后的效果如图5-113所示。

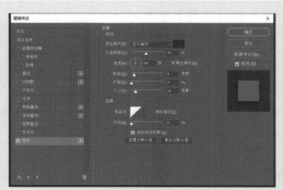

图5-112　"投影"设置

图5-113　信封底图层添加"投影"图层样式

⑥ 给"爱心"组图层添加"投影"图层样式，参数设置如图5-114所示。

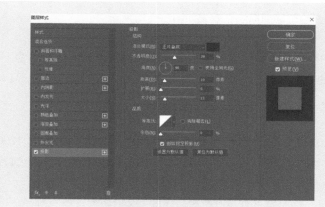

图5-114 "投影"设置

⑦ 在完成投影设置的"爱心"组上右击，在弹出的快捷菜单中选择"拷贝图层样式"命令复制图层样式，如图5-115所示。然后选择需要应用该图层样式的其他爱心组，右击，在弹出的快捷菜单中选择图5-116所示的"粘贴图层样式"命令，将图层样式粘贴过来，完成信封爱心未读图标的绘制，最终效果如图5-117所示。

图5-115 "拷贝图层样式"命令

图5-116 "粘贴图层样式"命令

图5-117 信封爱心未读图标最终效果

【课堂案例 5-11】折纸风扁平化信封爱心已读图标设计

【课堂案例 5-11】

折纸风扁平化信封爱心
已读图标设计

折纸风扁平化信封爱心已读图标绘制效果如图 5-118 所示。

1．案例分析

对于已读信封，即打开的信封，突出的主体集中在信封内部的信件内容上，此案例通过颜色对比体现信纸的折纸感。

2．绘制过程

（1）创建画布

在 Photoshop CC 2020 中选择"文件"菜单下的"新建"命令，新建宽度为 1200 像素、高度为 1200 像素、分辨率为 72 像素 / 英寸的画布。使用组合键【Ctrl+R】将标尺调出，在中心位置拉好参考线。

（2）绘制信封

① 使用"矩形工具"绘制宽度为 440 像素、高度为 240 像素、填充颜色（RGB：30,144,179）的矩形作为信封主体部分，将图层命名为"信封主体"，如图 5-119 所示。

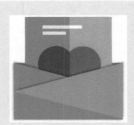

图 5-118　折纸风扁平化信封爱心已读图标效果

图 5-119　矩形绘制

② 为"信封主体"图层添加"投影"图层样式，参数设置如图 5-120 所示。

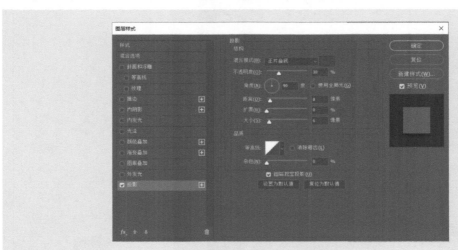

图 5-120　矩形"投影"设置

设置后的效果如图 5-121 所示。

③ 使用"多边形工具"绘制三角形，在左右两侧分别绘制颜色为稍暗的蓝色（RGB：30,130,160）（见图 5-122 红线区域）和稍亮的蓝色（RGB：0,160,233）（见图 5-122 紫色区域）的两个三角形，图层分别命名为"左三角"和"右三角"，效果如图 5-122 所示。

图5-121 矩形"投影"效果

图5-122 三角形绘制

④ 为步骤③绘制的两个三角形添加"投影"图层样式，具体设置参数如图5-123所示，效果如图5-124所示。

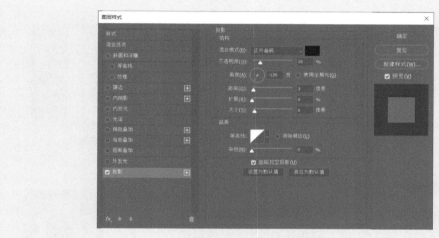

图5-123 三角形"投影"设置

（3）绘制信纸

① 使用"矩形工具"绘制颜色不同的左右两个矩形 [（RGB：30,144,179）、（RGB：0,183,238）]，对应图层分别命名为"纸张左"和"纸张"，如图5-125所示。

图5-124 三角形"投影"效果

图5-125 信纸绘制

② 绘制红色爱心，将该图层命名为"爱心"，如图5-126所示。

③ 复制"爱心"图层，生成"爱心拷贝"图层，在"爱心拷贝"图层使用"矩形工具"绘制矩形，随后对新绘制的矩形执行工具栏"路径操作"中的"减去顶层形状"命令，将爱心形状的右侧减去，保留左侧，调整颜色（RGB：146,10,20），如图5-127所示。

图5-126　爱心绘制

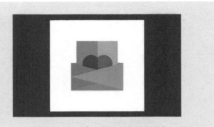

图5-127　爱心折纸效果绘制

④ 使用"矩形工具"绘制白色的矩形，将图层命名为"文本"，如图5-128所示。

⑤ 复制"文本"图层，将图层命名为"文本拷贝"，在"文本拷贝"图层上保留垂直参考线左侧部分，调整颜色（RGB：224,215,215），打造折纸的光影效果，完成图标的绘制，最终效果如图5-129所示。

图5-128　矩形绘制

图5-129　最终效果

5.2.3　长投影扁平化图标

长投影扁平化图标的重点在于投影效果的制作，如图5-130所示，通过观察，投影处于齿轮与底板内部，底板外无投影。长投影扁平化图标色彩对比大，可通过长投影效果打造层次感。

【课堂案例5-12】长投影下载图标设计

【课堂案例5-12】

长投影下载图标绘制效果如图5-131所示。

1．案例分析

下载图标主要的载体为云存储，考虑加入云朵的造型，下载动作一般使用向下的箭头来表示。

2．绘制过程

（1）创建画布

在Photoshop CC 2020中选择"文件"菜单下的"新建"命令，新建宽度为1500像素、高度为1500像素、分辨率为72像素/英寸的画布。使用组合键【Ctrl+R】将标尺调出，在中心位置拉好参考线。

（2）绘制底板

绘制宽、高均为1024像素的正圆，填充绿色（RGB：57,145,122），将图层命名为"底板"，效果如图5-132所示。

（3）绘制下载标识

① 使用"圆角矩形工具"绘制一个宽度为620像素、高度为310像素、圆角半径为155像素的

图5-130　长投影扁平化图标

长投影下载图标设计

图5-131　长投影下载图标效果

圆角矩形，填充白色，将图层命名为"云朵"，如图5-133所示。

② 使用"椭圆工具"，配合【Shift】键，在当前图层绘制宽、高均为312像素的正圆，将其与圆角矩形组合成云朵形状，如图5-134所示。

③ 合并形状组件，如图5-135所示。

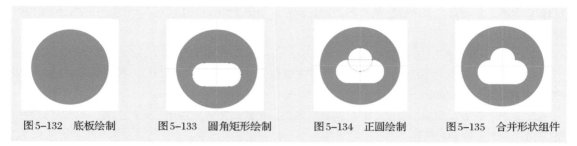

图5-132 底板绘制   图5-133 圆角矩形绘制   图5-134 正圆绘制   图5-135 合并形状组件

④ 按住【Alt】键，在云朵上减去箭头形状，如图5-136所示。

（4）绘制长投影

① 使用"矩形工具"绘制投影部分，将图层命名为"投影"，调整矩形的角度和大小，效果如图5-137所示。

② 使用"钢笔工具"组中的"添加锚点工具"在合适位置添加锚点，使用"直接选择工具"调整投影形状，效果如图5-138所示。

③ 按住【Alt】键，单击"投影"图层和"底板"图层之间的交界线，只显示"投影"图层在"底板"图层内部的部分，效果如图5-139所示。

图5-136 箭头绘制   图5-137 矩形绘制   图5-138 形状调整   图5-139 范围调整

④ 修改"投影"图层的"不透明度"为"50%"，长投影下载图标绘制完成，效果如图5-131所示。

5.2.4 轻折叠扁平化图标

轻折叠扁平化图标往往借助视觉差形成对比，比如上下对比、左右对比等，通过明暗视觉差展现折叠效果，层次感会体现得更加明显，而且整体设计感并不厚重，如图5-140所示。

图5-140 轻折叠扁平化图标

【课堂案例5-13】轻折叠多媒体图标设计

轻折叠多媒体图标绘制效果如图5-141所示。

1. 案例分析

多媒体图标选用轻折叠风格，以颜色接近的绿色作为主色，同时制造轻折叠反差，主体选用胶片造型，内置三角

【课堂案例5-13】

轻折叠多媒体图标设计

图5-141 轻折叠多媒体图标效果

形代表播放按钮。

2．绘制过程

（1）创建画布

在 Photoshop CC 2020 中选择"文件"菜单下的"新建"命令，新建宽度为 1500 像素、高度为 1500 像素、分辨率为 72 像素／英寸的画布。使用组合键【Ctrl+R】将标尺调出，在中心位置拉好参考线。

（2）绘制底板

① 绘制宽、高均为 1024 像素的正圆，填充颜色（RGB：171,171,28），将该图层命名为"底板"，效果如图 5-142 所示。

② 复制"底板"图层，生成"底板拷贝"图层。在拷贝图层上使用"矩形工具"沿垂直参考线绘制矩形，如图 5-143 所示。

③ 执行工具栏"路径操作"中的"减去顶层形状"命令将矩形减去，合并形状组件，图层重命名为"底板左侧"，效果如图 5-144 所示。

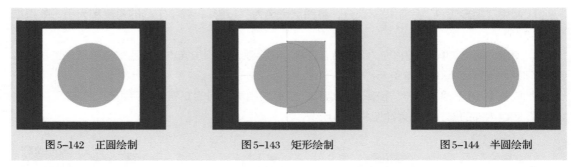

图 5-142　正圆绘制　　　　　　　图 5-143　矩形绘制　　　　　　　图 5-144　半圆绘制

④ 修改"底板左侧"图层中形状的颜色（RGB：160,160,23），使用组合键【Ctrl+T】将左侧半圆以中心点为旋转点旋转 45°，如图 5-145 所示。

（3）绘制胶片

① 使用"圆角矩形工具"绘制宽度为 600 像素、高度为 416 像素、圆角半径为 30 像素的圆角矩形，并填充白色，将所在图层命名为"胶卷"。在该图层上使用"矩形工具"绘制宽度为 30 像素、高度为 66 像素的矩形，执行"减去顶层形状"命令，效果如图 5-146 所示。

② 使用"路径选择工具"选中步骤①绘制的矩形，配合组合键【Ctrl+C】、【Ctrl+V】将左侧矩形复制、粘贴，再使用组合键【Ctrl+T】将其沿着中心点水平翻转，效果如图 5-147 所示。

图 5-145　半圆颜色和角度调整　　　图 5-146　左侧造型绘制　　　　　图 5-147　右侧造型绘制

③ 使用相同的方法在"胶卷"图层的圆角矩形上继续剪去多个小圆角矩形，注意调整布局和间隔。完成图 5-148 所示的效果。

④ 使用"多边形工具"绘制三角形，调整角度，如图5-149所示。

图5-148　上下造型绘制　　　　　　　图5-149　三角形绘制

【课堂案例5-14】轻折叠扁平化计算器图标设计

【课堂案例5-14】

轻折叠扁平化计算器
图标设计

61

轻折叠扁平化计算器图标绘制效果如图5-150所示。

1．案例分析

计算器图标绘制从计算器实物出发，包含计算器显示屏和按钮的模拟设计，选用轻折叠扁平化图标风格，其折叠效果不厚重，整体给人的感觉很轻松、简洁，视觉效果好。

2．绘制过程

（1）创建画布

在Photoshop CC 2020中选择"文件"菜单下的"新建"命令，新建宽度为1500像素、高度为1500像素、分辨率为72像素/英寸的画布。

（2）绘制底板

使用"圆角矩形工具"绘制宽和高均为1024像素、圆角半径为180像素的圆角矩形作为底板，填充颜色（RGB：221，165，79），将图层命名为"底板"。

（3）绘制计算器主体

使用"圆角矩形工具"绘制宽度为520像素、高度为760像素、圆角半径为90像素的圆角矩形，填充颜色（RGB：97，199，241），将图层命名为"计算器"，效果如图5-151所示。

（4）绘制按钮

使用"圆角矩形工具"，按住【Alt】键，在计算器主体上绘制宽度为394像素、高度为160像素、圆角半径为30像素的圆角矩形作为计算器显示屏；绘制宽度为96像素、高度为70像素、圆角半径为30像素的圆角矩形和宽度为96像素、高度为180像素、圆角半径为30像素的圆角矩形表示计算器按钮，将以上显示屏和各按钮按照需求对齐，并调整为等间距分布，效果如图5-152所示。

（5）制作折痕效果

① 复制"底板"图层，将副本图层命名为"右侧底板"。按住【Alt】键，使用"矩形工具"绘制矩形减去其左侧部分，合并形状组件，如图5-153所示。

② 为"右侧底板"填充黑色，"不透明度"修改为"30%"，调整"右侧底板"图层和"计算器"图层顺序，如图5-154所示。

图5-150　轻折叠扁平化
计算器图标效果

图5-151　计算器主体

图 5-152　按钮绘制完成效果

图 5-153　复制底板

图 5-154　设置颜色及不透明度

③ 为"底板"图层添加"投影"图层样式，具体参数设置如图 5-155 所示，添加后的效果如图 5-150 所示。

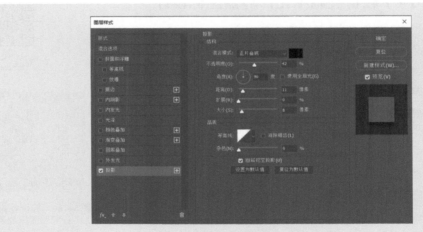
图 5-155　"投影"设置

5.2.5　微立体扁平化图标

微立体扁平化图标在视觉上体现出一定的厚度，如图 5-156 所示。

【课堂案例 5-15】微立体定位图标设计

微立体定位图标绘制效果如图 5-157 所示。

1．案例分析

定位图标选取常见的导航中的定位点作为主体，选取红色为定位点主色，红色的定位点在蓝色的底板上表现得更为显眼，起到明确定位主题的作用。

2．绘制过程

（1）创建画布

在 Photoshop CC 2020 中选择"文件"菜单下的"新建"命令，新建宽度为 1500 像素、高度为 1500 像素、分辨率为 72 像素/英寸的画布。使用组合键【Ctrl+R】将标尺调出，在中心位置拉好参考线。

（2）绘制底板

使用"圆角矩形工具"绘制一个宽和高均为 1024 像素、圆角半径为 180 像素的圆角矩形，填充

【课堂案例 5-15】
微立体定位图标设计

图 5-156　微立体扁平化图标

图 5-157　微立体定位图标效果

浅蓝色（RGB：12,178,194），作为图标的底板，将图层命名为"底板"，如图5-158所示。

（3）绘制定位点

① 使用"椭圆工具"绘制宽、高均为396像素的正圆，填充深红色（RGB：184,30,30）。使用"路径选择工具"选中正圆，使用组合键【Ctrl+C】、【Ctrl+V】对其在同一图层复制、粘贴，随后使用组合键【Ctrl+T】将其缩小为宽、高均为264像素的正圆，执行工具栏"路径操作"中的"减去顶层形状"命令，效果如图5-159所示。

图5-158　底板绘制

图5-159　圆环绘制

② 再次使用"路径选择工具"选中最大圆，使用组合键【Ctrl+C】、【Ctrl+V】对其在同一图层复制、粘贴，随后使用组合键【Ctrl+T】将其缩小为宽、高均为132像素的正圆，如图5-160所示。

③ 使用"直接选择工具"选中最大圆最下方的锚点，将其沿着垂直参考线向下拖动到合适位置，如图5-161所示。

图5-160　内圆绘制

图5-161　锚点调整

④ 使用"钢笔工具"组的"转换点工具"单击最下方的锚点，将其转换为尖角，将图层命名为"定位"，效果如图5-162所示。

⑤ 复制"底板"图层，生成"底板拷贝"图层，将该图层中的底板向下移动，替换颜色为深蓝色（RGB：8,153,167），交换"底板"图层与"底板拷贝"图层顺序，效果如图5-163所示。

图5-162　锚点转换

图5-163　底板复制、移动

⑥ 为"底板拷贝"图层添加"投影"图层样式。投影颜色为深蓝色，取消使用全局光，具体参数设置如图5-164所示。添加投影后的效果如图5-157所示。

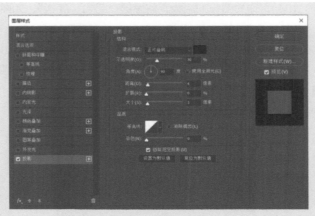

图5-164 "投影"设置

64

🖐 知识拓展

扁平化图标能够突出内容本身，大幅度减少用户在使用过程中受到的干扰，但也因其给人的直观感受不足，有时会出现传达情感不丰富的情况。

💬 课后实训

设计一款旅行类 App 的应用图标，要求采用扁平化风格设计，形象清晰、造型合理、符合用户的认知习惯。

5.3 拟物化图标设计

拟物化图标与生活中的实物相似度最高。换句话说，将现实中的实际物品用设计工具和设计元素表达出来，最大程度地保留原来物品的外观和特点的图标就是拟物化图标。

5.3.1 拟物化图标的特点

相比前面介绍的扁平化图标而言，拟物化图标的辨识度更高，但它的设计流程更为复杂，设计操作更加烦琐。拟物化图标会大量运用投影、纹理等修饰效果，尽可能地将实物本来的面貌展现出来，使得图标具有更强的真实感，如图5-165所示。

图5-165 拟物化图标

在扁平化图标普及之前，用得最多的就是拟物化图标，因为它与实物的相似度高，对用户来说可以用最短的时间了解图标的含义和功能，而且拟物化图标会凝练实物的核心元素，呈现给用户时更加直观，用户不需要花费过多的时间学习就可以接受和了解图标的应用场景。

5.3.2 拟物化图标案例

下面通过具体的拟物化图标设计案例对拟物化图标进行深入讲解。

【课堂案例5-16】拟物化旋转按钮图标设计

拟物化旋转按钮图标绘制效果如图5-166所示。

【课堂案例5-16】

1. 案例分析

拟物化旋转按钮图标具有金属质感，绘制的重点一方面是金属背景的设计，如金属拉丝的质感等，另一方面是按钮的立体感与背景的融合。

拟物化旋转按钮图标设计

（1）金属背景

通过对圆角矩形添加黑灰白颜色构成渐变叠加以打造金属质感，为其添加杂色制作金属拉丝效果。

图5-166 拟物化旋转按钮图标效果

（2）刻度盘

通过对大圆形添加杂色和模糊效果打造金属质感，运用斜面和浮雕突出立体感，运用渐变叠加打造金属光感。

（3）按钮

使用同样的方法为内部小圆添加杂色和模糊效果打造金属质感，运用斜面和浮雕、内阴影、渐变叠加、投影等图层样式打造按钮的金属质感和立体感。

（4）刻度

使用小矩形，运用斜面和浮雕、投影等图层样式，设计刻度，随后使用复制、旋转操作，完成整个刻度盘中刻度的设计。

2. 绘制过程

（1）创建画布

在Photoshop CC 2020中选择"文件"菜单下的"新建"命令，新建宽度为1024像素、高度为1024像素、分辨率为72像素/英寸的画布，使用组合键【Ctrl+R】将标尺调出，在中心位置拉好参考线，如图5-167所示。

图5-167 创建画布

（2）绘制底板

① 绘制宽和高均为1024像素、圆角半径为180像素的圆角矩形，填充黑色，将图层命名为"底板"，作为图标的底板，效果如图5-168所示。

② 为"底板"图层添加"渐变叠加"效果，渐变色值参数分别为"#ffffff""#313131""#ffffff""#707070""#ffffff""#313131""#ffffff"，对应位置从左到右依次为"10%""20%""30%""50%""70%""80%""90%"；不透明度色标的不透明度值均为"100%"，位置从左到右依次为"0%""40%""60%""100%"，修改平滑度为"40%"，渐变参数具体设置如图5-169所示。

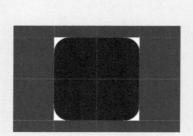

图5-168 底板绘制

图5-169 渐变参数

"渐变叠加"图层样式参数设置如图5-170所示，效果如图5-171所示。

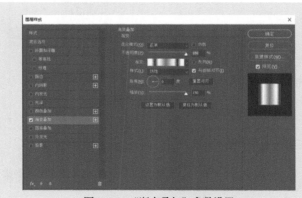

图5-170 "渐变叠加"参数设置

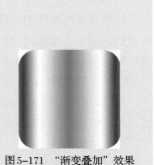

图5-171 "渐变叠加"效果

③ 右击"底板"图层，在弹出的快捷菜单中选择"栅格化图层样式"，为后续拉丝效果的制作做准备。

（3）制作底板拉丝效果

① 新建图层，将图层命名为"拉丝"，填充白色，使用"滤镜"菜单下的"杂色"命令，选择子菜单中的"添加杂色"命令为其添加杂色效果，设置"数量"为"200%"，"分布"为"平均分布"，勾选"单色"复选框，具体参数设置如图5-172所示，效果如图5-173所示。

图5-172 "添加杂色"设置

图5-173 "添加杂色"效果

② 单击"滤镜"菜单下"模糊"子菜单中的"动感模糊"命令，设置"角度"为"0度"，"距离"为"200像素"，为其添加模糊效果，参数设置如图5-174所示，效果如图5-175所示。

图5-174 "动感模糊"设置

图5-175 "动感模糊"效果

③ 设置剪贴蒙版，完成图层保留区域，如图5-176所示。

66

④ 修改"拉丝"图层的图层样式为"正片叠底",参数设置如图5-177所示。实现底板金属拉丝效果,如图5-178所示。

图5-176 保留区域效果

图5-177 图层混合模式调整

图5-178 金属拉丝效果

(4)绘制旋转按钮

① 使用"椭圆工具"绘制宽、高均为700像素的白色正圆,将图层命名为"按钮刻度盘"。在该图层上单击鼠标右键,执行"栅格化图层"操作,使用"滤镜"菜单下"杂色"子菜单中的"添加杂色"命令,使用"模糊"子菜单中的"径向模糊"命令,打造金属质感,如图5-179所示。

② 对"按钮刻度盘"图层添加"斜面和浮雕"图层样式,具体参数设置如图5-180所示,完成后的效果如图5-181所示。

图5-179 "杂色""径向模糊"效果

67

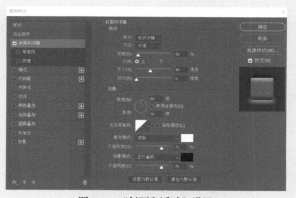

图5-180"斜面和浮雕"设置

图5-181 "斜面和浮雕"效果

③ 添加"渐变叠加"图层样式,其中渐变设置如图5-182所示,其余参数具体设置如图5-183所示,添加后的效果如图5-184所示。

图5-182 渐变设置

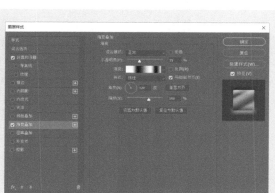

图5-183 "渐变叠加"设置

④ 使用"椭圆工具"绘制宽、高均为508像素的正圆作为按钮的主体部分，将图层命名为"按钮"，使用"滤镜"菜单下"杂色"子菜单中的"添加杂色"命令为其添加杂色，如图5-185所示。

图5-184 "渐变叠加"效果

图5-185 "杂色""径向模糊"效果

⑤ 添加"斜面和浮雕""内阴影""渐变叠加""投影"图层样式，具体参数设置分别如图5-186至图5-189所示，完成后的效果如图5-190所示。

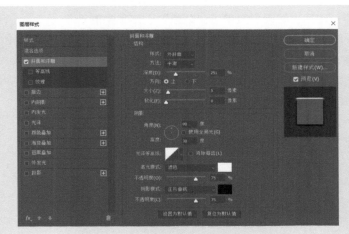

图5-186 "斜面和浮雕"设置

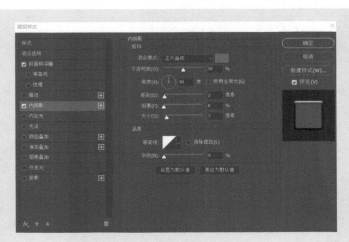

图5-187 "内阴影"设置

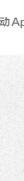

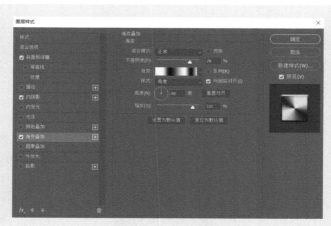

图5-188 "渐变叠加"设置

69

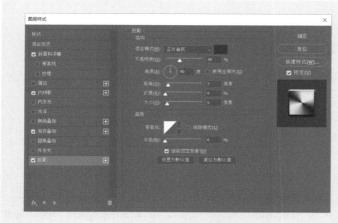

图5-189 "投影"设置

图5-190 按钮主体部分图层样式效果

⑥ 使用"矩形工具"绘制宽度为8像素、高度为42像素的小矩形作为刻度,设置颜色(RGB:53,53,53),图层命名为"刻度"。为其添加"斜面和浮雕""投影"图层样式,具体参数设置分别如图5-191、图5-192所示,完成后的效果如图5-193所示。

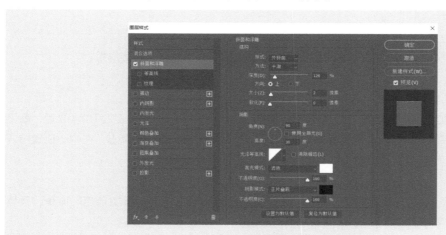

图5-191 "斜面和浮雕"设置

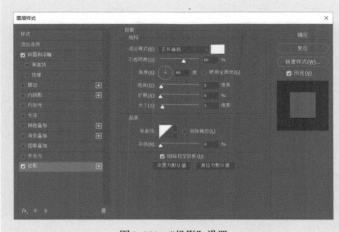

图 5-192 "投影"设置

图 5-193 刻度图层样式效果

⑦ 将刻度每隔 45° 复制一份，效果如图 5-166 所示。

70 【课堂案例 5-17】拟物化卡包图标设计（横版）

拟物化卡包图标（横版）绘制效果如图 5-194 所示。

【课堂案例 5-17】

拟物化卡包图标设计（横版）

1．案例分析

拟物化卡包图标（横版）需表现皮革材质：首先，对素材图片进行加工处理；接着，通过图层样式的设置和调整制作皮革实物效果，打造皮革质感。

（1）卡包

使用圆角矩形确定卡包的主体轮廓，采用虚线进行装订修饰，配合使用"图案叠加""斜面和浮雕"等图层样式打造皮革质感和立体感。

图 5-194 拟物化卡包图标（横版）效果

（2）皮带

皮革质感的设计要自然，适当添加立体感。

（3）卡扣

通过添加光泽提升卡扣的光感。

（4）卡片

采用 3 个圆角矩形展示卡片，在将其颜色与主题色融合的同时形成合理对比效果。

2．绘制过程

（1）创建画布

在 Photoshop CC 2020 中选择"文件"菜单下的"新建"命令，新建宽度为 1024 像素、高度为 1024 像素、分辨率为 72 像素 / 英寸的画布，使用组合键【Ctrl+R】将标尺调出，在中心位置拉好参考线，如图 5-195 所示。

（2）定义图案

① 在画布中填充颜色（RGB：187,154,120），选择"滤镜"菜单下"添加杂色"命令，具体参数设置如图 5-196 所示。

② 选择"编辑"菜单下的"定义图案"命令，将添加过杂色效果的图片定义为图案，命名为

"磨砂效果"，如图5-197所示。

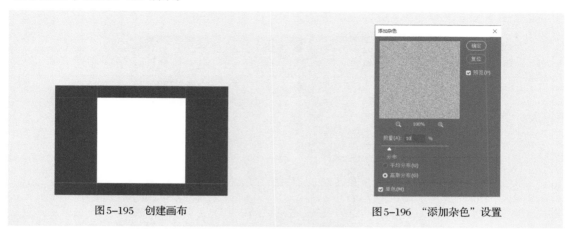

图5-195　创建画布　　　　　　　　图5-196　"添加杂色"设置

（3）处理皮革素材

在Photoshop CC 2020中打开皮革素材，选取色泽较好的部分裁剪保留，将保留好的皮革素材重复步骤（2）的操作定义为图案，将该图层命名为"皮革效果"。

图5-197　定义图案

（4）制作背景舞台效果

在Photoshop CC 2020中选择"文件"菜单下的"新建"命令，新建宽度为1500像素、高度为1500像素、分辨率为72像素/英寸的画布。

添加径向渐变，设置渐变色[（RGB：187,154,119）、（RGB：255,255,255）]，制作舞台效果，如图5-198所示。

（5）绘制皮质底板

① 新建图层，绘制宽和高均为1024像素、圆角半径为180像素的圆角矩形，填充白色，将图层命名为"大底板"。添加"图案叠加"图层样式，选择"磨砂效果"图案进行叠加，参数设置如图5-199所示。

图5-198　舞台效果

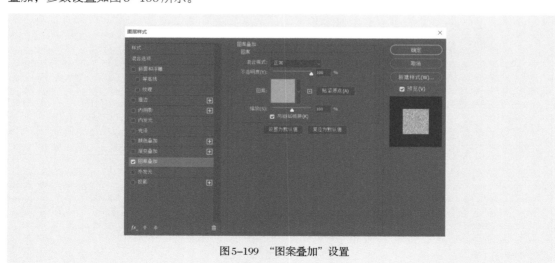

图5-199　"图案叠加"设置

② 为"大底板"图层添加"斜面和浮雕"图层样式，具体参数设置如图5-200所示，完成后的

效果如图 5-201 所示。

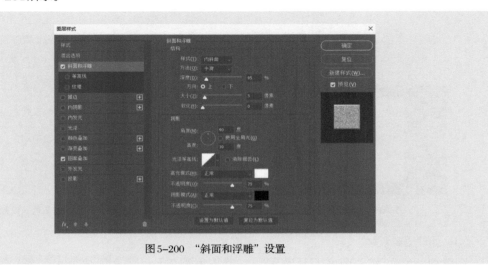

图 5-200 "斜面和浮雕"设置

③ 复制"大底板"图层，将新图层重命名为"小底板"，使用组合键【Ctrl+T】将其缩小，宽和高均为 960 像素，如图 5-202 所示。

图 5-201 "大底板"图层效果   图 5-202 "小底板"图层

④ 再次复制"小底板"图层，将新图层重命名为"皮革小底板"。为其添加"图案叠加""斜面和浮雕"图层样式，具体参数设置分别如图 5-203、图 5-204 所示。

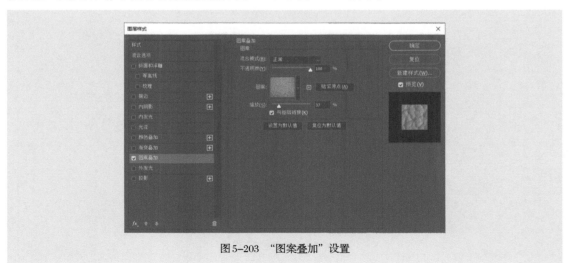

图 5-203 "图案叠加"设置

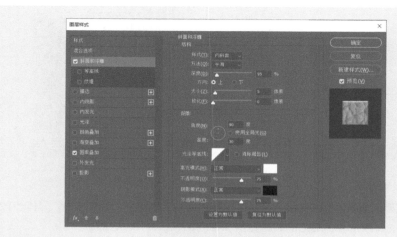

图5-204 "斜面和浮雕"设置

⑤ 使用组合键【Ctrl+T】将其缩小到宽和高均为952像素，效果如图5-205所示。

⑥ 复制"皮革小底板"图层，将新图层重命名为"左侧皮革"，在当前图层形状上减去右侧大部分，只保留左侧小部分，合并形状组件。在现有图层样式的基础上添加"颜色叠加"图层样式，"混合模式"为"正常"，填充颜色（RGB：120,33,53），"不透明度"为"50%"，具体参数设置如图5-206所示，设置完成后的效果如图5-207所示。

图5-205 "皮革小底板"图层效果

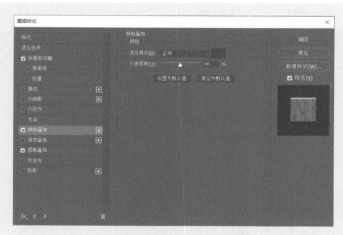

图5-206 "颜色叠加"设置

（6）制作装订效果

① 再次复制"小底板"图层，将新图层重命名为"装订效果"。在"装订效果"图层上右击，在弹出的快捷菜单中选择"清除图层样式"，将现有图层样式清除。取消填充，设置"描边"为"虚线"，如图5-208所示。

图5-207 "左侧皮革"图层效果

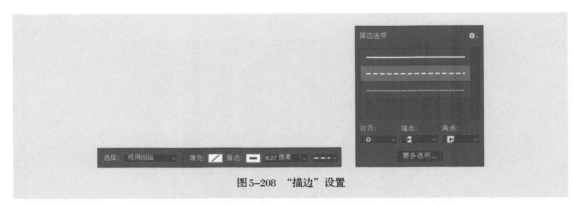

图 5-208 "描边"设置

② 为"装订效果"图层添加"斜面和浮雕""描边""图案叠加"图层样式，具体参数设置分别如图 5-209 至图 5-211 所示，完成后的效果如图 5-212 所示。

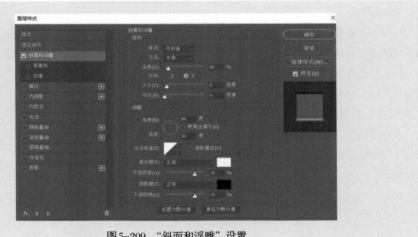

图 5-209 "斜面和浮雕"设置

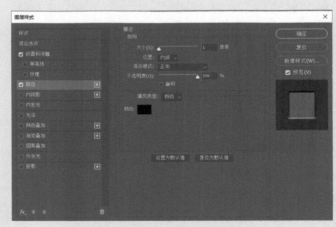

图 5-210 "描边"设置

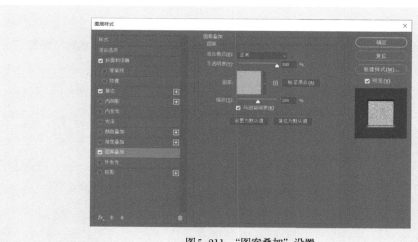

图5-211 "图案叠加"设置

（7）制作固定环皮带

① 使用"圆角矩形工具"绘制宽度为520像素、高度为186像素、圆角半径为93像素的圆角矩形，将图层命名为"固定环"，效果如图5-213所示。

图5-212 "装订效果"图层效果

图5-213 圆角矩形绘制

② 在"左侧皮革"图层上右击，在弹出的快捷菜单中选择"拷贝图层样式"命令，再选择"固定环"图层，右击，在弹出的快捷菜单中选择"粘贴图层样式"命令，效果如图5-214所示。

③ 选择"大底板"图层，使用组合键【Ctrl+C】将其复制后，使用组合键【Ctrl+V】粘贴到"固定环"图层上，效果如图5-215所示。

④ 选择"固定环"图层中的所有内容，依次使用工具栏"路径操作"中的"与形状区域相交""合并形状组件"命令，效果如图5-216所示。

图5-214 图层样式复制

图5-215 图层样式粘贴

图5-216 与形状区域相交

⑤ 选择"固定环"图层，点选"添加图层蒙版按钮"，为"固定环"添加图5-217所示的黑白线性渐变蒙版，从而为固定环增加过渡光泽感。

（8）制作铆钉效果

① 使用"椭圆工具"绘制宽和高均为74像素的正圆，填充黑色，将图层命名为"椭圆1"，效果如图5-218所示。

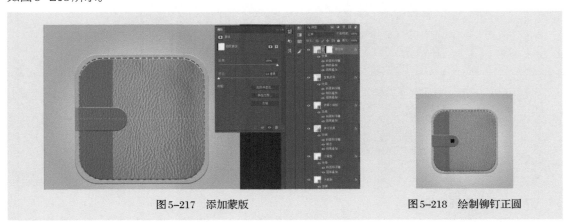

图5-217　添加蒙版　　　　　　　　　　　　图5-218　绘制铆钉正圆

② 为"椭圆1"图层添加"斜面和浮雕""内发光"图层样式，具体参数设置分别如图5-219、图5-220所示，完成后的效果如图5-221所示。

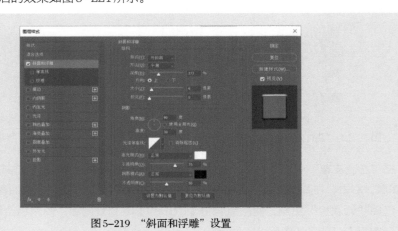

图5-219　"斜面和浮雕"设置

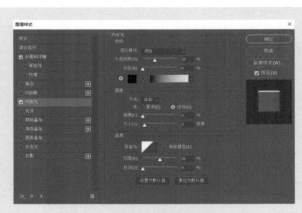

图5-220　"内发光"设置

（9）绘制卡片

① 使用"圆角矩形工具"绘制宽度为580像素、高度为316像素、圆角半径为30像素的圆角矩形，将图层命名为"卡片1"。为其添加"斜面和浮雕""颜色叠加""图案叠加"图层样式，具体参数设置分别如图5-222至图5-224所示，其中"颜色叠加"图层样式叠加颜色（RGB：154,89,28），设置后的效果如图5-225所示。

图5-221 "铆钉"图层效果

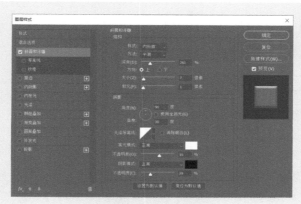

图5-222 "斜面和浮雕"设置

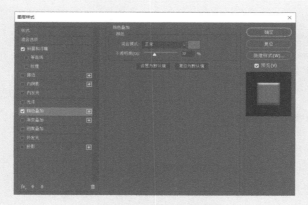

图5-223 "颜色叠加"设置

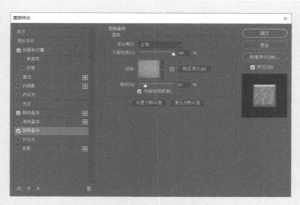

图5-224 "图案叠加"设置

② 将"卡片1"图层复制两次，分别命名为"卡片2"和"卡片3"。修改"卡片2"图层的"颜色叠加"设置，"混合模式"为"正常"，叠加颜色（RGB：138，72，14），"不透明度"设置为"71%"。修改"卡片3"图层的"颜色叠加"设置，"混合模式"为"正常"，叠加颜色（RGB：56，33，33），"不透明度"设置为"32%"。将"卡片1""卡片2""卡片3"的卡片调整到如图5-194所示的角度和位置。

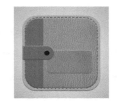

图5-225 "卡片1"图层效果

【课堂案例5-18】
拟物化卡包图标设计（竖版）

【课堂案例5-18】拟物化卡包图标设计（竖版）

拟物化卡包图标（竖版）绘制效果如图5-226所示。

1．案例分析

拟物化卡包图标（竖版）与拟物化卡包图标（横版）类似，同样需表现皮革材质，区别在于拟物化卡包图标（竖版）为上下打开卡扣设计。

2．绘制过程

（1）创建画布

在Photoshop CC 2020中选择"文件"菜单下的"新建"命令，新建宽度为1024像素、高度为1024像素、分辨率为72像素/英寸的画布，使用组合键【Ctrl+R】将标尺调出，在中心位置拉好参考线，如图5-227所示。

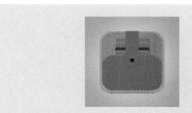

图5-226 拟物化卡包图标（竖版）效果

图5-227 创建画布

（2）绘制底板

背景设计、定义图案、皮革处理等与课堂案例5-17中的方法相同，这里不赘述，直接在图5-228所示的底板上继续设计、绘制。

（3）绘制卡槽

① 复制"皮革小底板"图层，将新图层重命名为"卡槽皮革"，使用组合键【Ctrl+T】调整其形状。在现有图层样式的基础上，添加"颜色叠加"图层样式，其中叠加颜色（RGB：120，33，53），"不透明度"为"47%"，效果如图5-229所示。

② 复制"卡槽皮革"图层，命名为"卡槽装订"。虚线制作方法与课堂案例5-17中的相同，效果如图5-230所示。

图5-228 底板绘制

图5-229 "卡槽皮革"图层效果

图5-230 "卡槽装订"图层效果

（4）绘制皮带

① 使用"圆角矩形工具"绘制宽度为206像素、高度为790像素、圆角半径为103像素的圆角矩形，将图层命名为"皮带"，效果如图5-231所示。

② 将"卡槽皮革"图层的图层样式复制、粘贴到"皮带"图层，效果如图5-232所示。

③ 使用"路径选择工具"将"大底板"图层中的圆角矩形选中，将其复制、粘贴到"皮带"图层，执行工具栏"路径操作"中的"与形状区域相交"命令，保留如图5-233所示的皮带部分。

图5-231 皮带形状绘制　　　　图5-232 "皮带"图层效果　　　　图5-233 皮带形状

④ 修改"斜面和浮雕"设置，具体参数设置如图5-234所示，设置后的效果如图5-235所示。

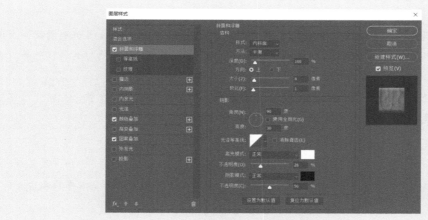

图5-234 "斜面和浮雕"设置

⑤ 为"皮带"图层添加图5-236所示的蒙版，从而为皮带增加过渡光泽感，效果如图5-237所示。

图5-235 皮带"斜面和浮雕"效果　　　　图5-236 皮带蒙版设置

（5）绘制铆钉效果

① 使用"椭圆工具"绘制宽和高均为84像素的正圆，填充黑色，将图层命名为"铆钉"，效果如图5-238所示。

② 为"铆钉"图层添加"斜面和浮雕""内发光"图层样式，参数设置与拟物化卡包图标（横版）中"铆钉"图层的设置相同，效果如图5-239所示。

图5-237　皮带蒙版效果

图5-238　绘制铆钉正圆

图5-239　"铆钉"图层效果

（6）绘制卡片

使用"圆角矩形工具"绘制宽度为556像素、高度为288像素、圆角半径为30像素的圆角矩形，将图层命名为"卡片1"，通过复制、粘贴"小底板"图层的图层样式加以调整，对"卡片1"图层添加"斜面和浮雕""颜色叠加""图案叠加""投影"图层样式。将其复制，分别将生成的图层重命名为"卡片2""卡片3""卡片4""卡片5""卡片6"，调整位置和颜色后，效果如图5-226所示。

知识拓展

拟物化图标设计中要注意细节的取舍，过多或过少的细节都容易给用户造成识别困扰，在设计过程中要选取合适的材质用于绘制拟物化图标，如用皮革增加质感、用金属打造科技感等，提升图标美感。

总之，UI设计师要通过产品需求分析、用户定位、用户体验等各方面的考量，判断并选取适合产品表达的图标类型进行设计。

课后实训

设计一款书城App的应用图标，要求采用拟物化风格设计，注意层次感和立体感的表达。

5.4　本单元小结

本单元主要介绍了剪影图标、扁平化图标、拟物化图标的特点，并通过翔实的案例对各类风格的图标设计方法和技巧进行了讲解。通过本单元的学习，读者可以针对产品项目需求选取合适的图标风格并完成设计工作。

5.5　课后练习题

1. 剪影图标的使用场景主要有哪些？
2. 扁平化图标有哪些特点？设计时要遵守哪些原则？
3. 拟物化图标是如何表现实物细节的？

第3篇
UI 设计界面篇

内容结构图

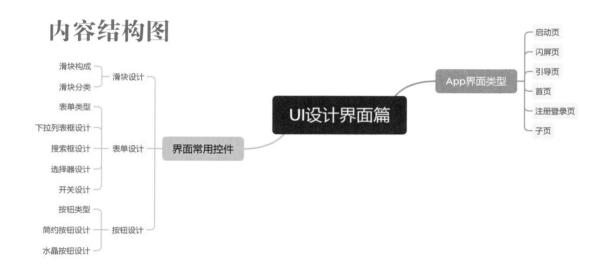

引言

　　随着互联网和移动设备的不断发展，移动端 UI 设计成为 UI 设计师关注的焦点。本篇将对移动端启动页、闪屏页、引导页、首页、注册登录页、子页等界面的特点及界面常用控件进行介绍。

06 ——————————————————— 单元 6

界面常用控件

　　界面由各类控件组合而成，其中比较常用的控件如滑块、表单、按钮等，为用户与设备进行交互提供了丰富、灵活的方式。不同的控件在界面中起着不同的作用，有着不同的风格特点。

素质目标：
1. 培养学生的发散思维能力和创新能力；
2. 培养学生多角度观察事物的能力。

知识目标：
1. 了解界面常用控件的类型；
2. 掌握滑块控件的设计方法；
3. 掌握表单控件的设计方法；
4. 掌握按钮控件的设计方法。

技能目标：
能够设计不同风格的界面控件。

6.1　滑块设计

　　滑块在界面中是很常见的，在播放器中调整播放进度、调整播放音量、调整屏幕亮度等都是滑块的常见应用场景。

6.1.1　滑块构成

　　滑块一般由滑动槽、滑动块、滑动条构成。滑动块在滑动槽中滑动，不会超出该区域。滑动条通常最小值在左边，最大值在右边，为了提供更好的用户体验，有时候可以在滑动条的左右两侧设定数值。滑动块主要有圆形、矩形、三角形等较为规则的形状，颜色辨识度高。

6.1.2　滑块分类

　　滑块按其风格可以分为线条滑块和旋转滑块。
　　线条滑块以线条为主体，如图6-1所示。线条滑块设计简洁，分为有刻度和无刻度两种。在线条滑块的设计过程中需要特别注意色彩的选取和滑动块大小的设定。
　　旋转滑块以旋转造型为主体，如图6-2所示。旋转滑块形式多样，视觉冲击力较强，直观、精美的设计能给用户耳目一新的感觉。

图6-1　线条滑块　　　　　　　　　　　　　图6-2　旋转滑块

【课堂案例6-1】线条滑块设计

【课堂案例6-1】

线条滑块设计

线条滑块绘制效果如图6-3所示。

1. 案例分析

绘制一款播放进度控制线条滑块，以简易性设计为原则，突出滑块的功能性，方便用户使用。

2. 绘制过程

（1）创建画布

在Photoshop CC 2020中选择"文件"菜单下的"新建"命令，新建宽度为800像素、高度为800像素、分辨率为72像素/英寸的画布。

（2）绘制滑动槽

① 使用"圆角矩形工具"绘制宽度为580像素、高度为28像素、圆角半径为14像素的圆角矩形作为滑动槽，填充颜色（RGB：153,153,153），将图层命名为"滑动槽"，效果如图6-4所示。

图6-3　线条滑块效果　　　　　　　　　　图6-4　滑动槽绘制

② 为"滑动槽"图层添加"投影"图层样式，具体参数设置如图6-5所示，设置后的效果如图6-6所示。

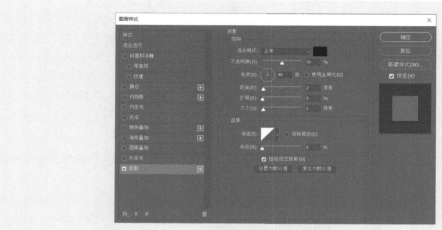

图6-5　"投影"设置

（3）绘制滑动条

① 复制"滑动槽"图层，将副本图层重命名为"滑动条"，使用组合键【Ctrl+T】调整其大小和位置，填充颜色（RGB：205,240,111），绘制出滑动条，效果如图6-7所示。

图6-6　滑动槽效果　　　　　　　　　　　　　　　　　　图6-7　滑动条绘制

②为"滑动条"图层添加"斜面和浮雕""投影"图层样式，具体参数设置分别如图6-8、图6-9所示，设置后的效果如图6-10所示。

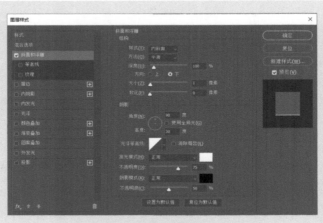

图6-8　"斜面和浮雕"设置

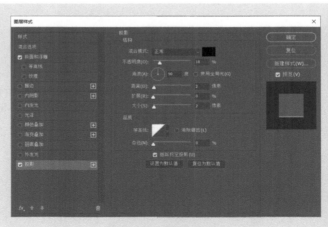

图6-9　"投影"设置

（4）绘制滑动块

①使用"椭圆工具"绘制宽、高均为64像素的正圆作为滑块，其颜色与滑动条的颜色一致，将图层命名为"滑动块"，如图6-11所示。

图6-10　滑动条绘制效果　　　　　　　　　　　　　　　　图6-11　滑动块绘制

②为"滑动块"图层添加"斜面和浮雕""内阴影""投影"图层样式，具体参数设置分别如图6-12至图6-14所示，设置后的效果如图6-3所示。

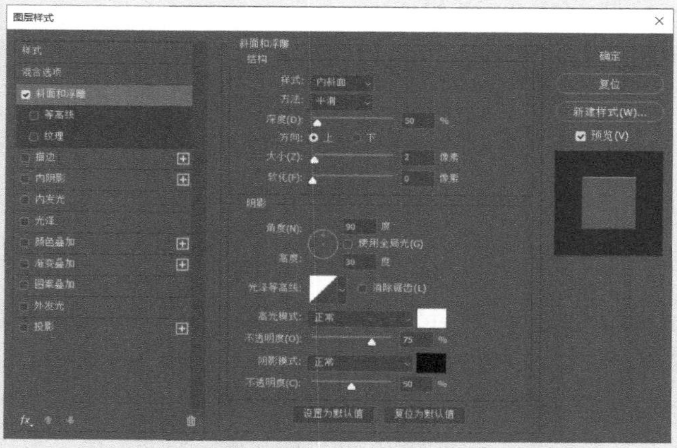

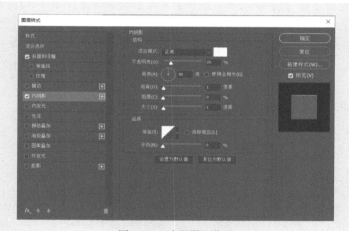

图6-12 "斜面和浮雕"设置

图6-13 "内阴影"设置

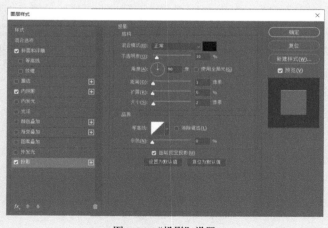

图6-14 "投影"设置

【课堂案例 6-2】旋转滑块设计

旋转滑块绘制效果如图 6-15 所示。

【课堂案例 6-2】

旋转滑块设计

图 6-15　旋转滑块效果

1．案例分析

绘制一款温度调节旋转滑块，需要设置相应刻度，实现可视化。

2．绘制过程

（1）创建画布

在 Photoshop CC 2020 中选择"文件"菜单下的"新建"命令，新建宽度为 800 像素、高度为 800 像素、分辨率为 72 像素/英寸的画布。

（2）绘制滑动槽

① 使用"椭圆工具"绘制宽、高均为 400 像素的正圆，将图层命名为"滑动槽"，填充颜色（RGB：134，134，134），如图 6-16 所示。

② 使用"路径选择工具"选择该正圆，配合组合键【Ctrl+C】、【Ctrl+V】、【Ctrl+T】复制、粘贴正圆，并将复制出的正圆缩小到宽、高均为 332 像素；通过"减去顶层形状"命令制作图 6-17 所示的圆环，合并形状组件。

③ 复制该圆环，将副本图层命名为"进度显示条"，填充颜色（RGB：155，72，72），效果如图 6-18 所示。

④ 将"进度显示条"图层中的形状切割，保留部分如图 6-19 所示。

图 6-16　正圆绘制

图 6-17　圆环绘制

图 6-18　进度显示条绘制

图 6-19　滑动条绘制

（3）绘制刻度数值

① 使用"椭圆工具"绘制宽、高均为 186 像素的正圆作为刻度显示屏，将图层命名为"刻度显示屏"，填充颜色（RGB：155，72，72），调整其位置到"滑动槽"图层下方，如图 6-20 所示。

② 使用"文字工具"，选择"思源黑体"字体，设置字号为"72 像素"，设置颜色为"白色"，输入数字"62"，代表当前数值，将图层命名为"刻度"，效果如图 6-21 所示。

（4）绘制指针

使用"椭圆工具"绘制宽、高均为 40 像素的正圆，将图层命名为"指针"，填充颜色（RGB：155，72，72），添加锚点，使用"直接选择工具"调整其形状，绘制出指针，效果如图 6-22 所示。

图 6-20　刻度显示屏绘制

图 6-21　刻度绘制

图 6-22　指针绘制

（5）添加效果

① 为"进度显示条"图层添加"斜面和浮雕"图层样式，具体参数设置如图6-23所示，完成后的效果如图6-24所示。

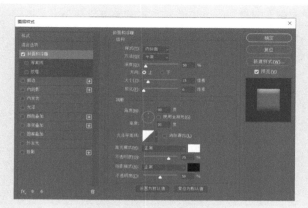

图6-23 "斜面和浮雕"设置

② 在"进度显示条"图层上右击，在弹出的快捷菜单中选择"拷贝图层样式"命令，复制图层样式；在"滑动槽"图层上右击，在弹出的快捷菜单中选择"粘贴图层样式"命令，粘贴图层样式，效果如图6-25所示。

③ 使用同样的方法将"进度显示条"图层的图层样式复制、粘贴到"指针"图层，效果如图6-26所示。

图6-24 进度显示条效果　　　　图6-25 滑动槽效果　　　　图6-26 指针效果

④ 为"刻度显示屏"图层添加"斜面和浮雕"图层样式，具体参数设置如图6-27所示，效果如图6-28所示。

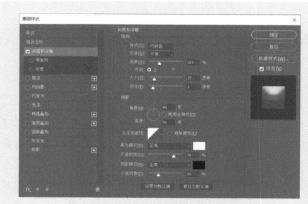

图6-27 "斜面和浮雕"设置　　　　图6-28 刻度显示屏效果

87

⑤ 为"刻度"图层添加"斜面和浮雕"图层样式，具体参数设置如图6-29所示。完成后的效果如图6-15所示。

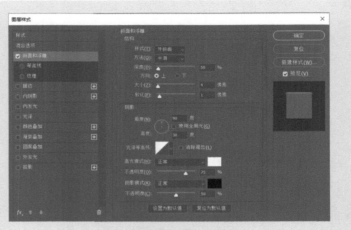

图6-29 "斜面和浮雕"设置

🖐 知识拓展

在设计滑块时需要注意手指触摸区域的范围，足够大的范围能够方便用户快速进行选择和设置。同时，如果滑块有刻度，则要保证在用户操作过程中刻度数值不会被手指遮盖，给用户更直观的感受。

💬 课后实训

绘制图 6-30 所示的滑块，注意渐变色的使用。

图6-30 滑块

6.2 表单设计

表单在UI中随处可见，通过对表单控件的灵活使用，用户可以提交自己的选择，实现人机交互、信息表达。

6.2.1 表单类型

常见的表单有下拉列表框、输入框、搜索框、选择器等。不同表单的适用场景不同，可根据用户习惯、呈现功能和界面布局进行选择使用。在表单设计中要特别注意表单的整体布局和表单的字号大小，做到与界面相融合，比例协调，符合用户的使用习惯。

科学、合理的表单设计可以在很大程度上提升用户体验，因此表单需要结合实际项目的应用情况灵活调整，以方便用户使用为原则。例如，填写相关信息的表单一般会将用户名、电话号码这些简单的信息放在前面，把住址等相对复杂的信息放在后面，若有特殊的问题，则将其放置在表单的最后面。同时，应当注意表单交互的合理性，如单选按钮，选中其中一个单选按钮后，其他的单选按钮应该都设置为未选中状态，即同一时刻只能有一个单选按钮被选中。

下面介绍几种典型的表单。

6.2.2 下拉列表框设计

下拉列表框要求用户在使用时只能选择其中的一个选项，下拉列表框在开始时处于隐藏状态，只有进行选择时才会展开，选择结束又折叠收起。这种形式能大大节约界面空间，如图6-31所示。

【课堂案例6-3】类目下拉列表框设计

类目下拉列表框绘制效果如图6-32所示。

1. 案例分析

绘制一款类目下拉列表框，风格简单，能够实现类目下拉列表的展示。

2. 绘制过程

（1）创建画布

在Photoshop CC 2020中选择"文件"菜单下的"新建"命令，新建宽度为750像素、高度为1334像素、分辨率为72像素/英寸的画布。使用组合键【Ctrl+R】将标尺调出，在中心位置拉好参考线。

（2）未展开的下拉列表框设计

下拉列表框未展开时只有类目，下一级信息暂未显示，只有单击后面的展开按钮才可以显示出下一级信息，如图6-33所示。

① 列表条和分隔条绘制。

a. 使用"圆角矩形工具"绘制宽度为650像素、高度为160像素、圆角半径为16像素的圆角矩形，填充颜色（RGB：225，227，226），将图层命名为"列表条"。使用"矩形工具"绘制宽度为32像素、高度为156像素的矩形，填充颜色（RGB：177，177，177），将图层命名为"分隔条"，效果如图6-34所示。

图6-32 类目下拉列表框效果   图6-33 下拉列表框未展开状态   图6-34 列表条和分隔条绘制

b. 为"列表条"图层添加"斜面和浮雕"图层样式，具体参数设置如图6-35所示。

c. 为"分隔条"图层添加"斜面和浮雕"图层样式，具体参数设置如图6-36所示。设置完成后，效果如图6-37所示。

图6-31 下拉列表框

【课堂案例6-3】

类目下拉列表框设计

89

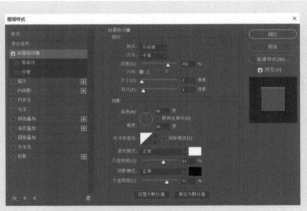

图6-35　列表条"斜面和浮雕"设置

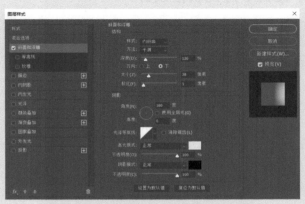

图6-36　分隔条"斜面和浮雕"设置

② 展开箭头绘制。

a. 使用"多边形工具"绘制三角形，填充黑色，将图层命名为"展开箭头"，为其添加"斜面和浮雕""内阴影"图层样式，具体参数设置分别如图6-38、图6-39所示。

图6-37　列表条和分隔条效果

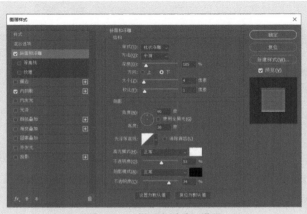

图6-38　"斜面和浮雕"设置

b. 选中"展开箭头""分隔条""列表条"3个图层，使用组合键【Ctrl+G】编组，命名为"未点击的下拉列表框"，如图6-40所示。完成后的效果如图6-41所示。

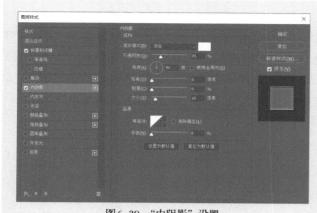

图6-39　"内阴影"设置

图6-40　图层编组

③ 使用"文字工具"，选择"苹方""常规"字体，输入"类目"，形成"类目"图层，文字效果如图6-42所示。

（3）绘制展开的下拉列表框

① 单击"展开箭头"后，类目的下一级信息将展开显示，如图6-43所示。

② 复制"未点击的下拉列表框"组，重命名为"点击后展开的下拉列表框"。使用"矩形工具"绘制宽度为643像素、高度为300像素的矩形，填充颜色（RGB：45，45，45）作为下拉列表展开面板，将生成的图层命名为"下拉列表展开面板"，注意与"点击后展开的下拉列表框"组的衔接，效果如图6-44所示。

③ 使用"直线工具"绘制直线，颜色为白色，将下拉列表展开面板均匀分割为3个部分，将新生成的图层命名为"分割线"，效果如图6-45所示。

（4）绘制文字

① 使用"文字工具"，选择"苹方"字体，添加文字部分，图层分别为"计算机类""经管类""教育类"，这里需要注意文字的大小要协调，效果如图6-43所示。

② 此时"点击后展开的下拉列表框"组的图层情况如图6-46所示。

图6-41　箭头效果

图6-42　文字效果

图6-43　展开的下拉列表框

图6-44　下拉列表展开面板　　　图6-45　下拉列表展开面板分割线　　　图6-46　图层编组

6.2.3 搜索框设计

搜索框作为 App 界面设计的必备控件之一，对 App 的功能建设具有重要作用。在庞大的数据中快速找到自己所需的数据，是 App 满足个性化需求的重要一环。不同 App 的设计需求不同，搜索框的展示方式也不同，比如：有的 App 的搜索框就在界面中间上方位置，用户一眼就可以看到，直接输入内容搜索；有的 App 则没有直接显示搜索框，而是显示搜索按钮，只有点击搜索按钮时，才会展开搜索框。两者的设计各有优缺点，前者给用户带来的便捷性较强，后者较为节约界面空间，在设计过程中可以结合实际需求进行选择。搜索框如图 6-47 所示。

图 6-47　搜索框

【课堂案例 6-4】移动端 App 搜索框设计

【课堂案例 6-4】

移动端 App 搜索框设计

移动端 App 搜索框绘制效果如图 6-48 所示。

1．案例分析

绘制一款移动端 App 搜索框，当用户没有输入搜索内容时，搜索框内部显示引导用户输入的提示文字，以此来提升用户体验。

图 6-48　移动端 App 搜索框效果

2．绘制过程

（1）创建画布

在 Photoshop CC 2020 中选择"文件"菜单下的"新建"命令，新建宽度为 750 像素、高度为 1334 像素、分辨率为 72 像素 / 英寸的画布。

（2）绘制未输入内容的搜索框

① 使用"圆角矩形工具"绘制宽度为 546 像素、高度为 56 像素、圆角半径为 10 像素的圆角矩形，填充颜色（RGB：0,240,255），将图层命名为"搜索框"。修改其"填充"为"40%"，"不透明度"为"50%"，参数设置如图 6-49 所示，效果如图 6-50 所示。

图 6-49　图层"不透明度"和"填充"调整　　　　图 6-50　搜索框

② 使用"椭圆工具"绘制宽、高均为 18 像素的正圆作为放大镜图标的透镜部分，取消形状填充，设置描边颜色（RGB：46,46,46），粗细设置为 2 像素，将图层命名为"放大镜镜子"。使用"矩形工具"绘制宽度为 2 像素、高度为 24 像素的矩形作为放大镜图标的手柄部分，取消描边，填充颜色（RGB：46,46,46），使用组合键【Ctrl+T】将绘制好的手柄矩形旋转 45°。将新生成的图层命名为"放大镜手柄"，效果如图 6-51 所示。

③ 使用"文字工具"，选择"苹方"字体，设置字号为"24 像素"，输入提示文字如图 6-48 所示。

图 6-51　放大镜绘制

当用户在搜索框中点击激活搜索框，开始输入内容时，原本的提示文字"请输入要搜索的手机号码、邮箱"将消失，取而代之的是新输入的搜索内容——在未输入任何搜索内容时，提示文字需要引导用户知晓该搜索框将通过哪些条件进行检索，一旦输入搜索内容，其作用便已经发挥。如果用户删除在搜索框中输入的内容，则此时搜索框原本的提示文字应当再次出现在搜索框以引导用户。

> 🖐 **知识拓展**
>
> 　　设计要以用户为中心，因此，在设计搜索框时也要充分考虑用户的习惯。文字要易于用户阅读。另外，允许用户进行长文本输入，若搜索框的输入文本受限，用户就只能被迫输入短文本，这样查询结果可能受到影响。

6.2.4　选择器设计

顾名思义，选择器就是从一系列列表中选中某一个列表项的工具，移动端受界面空间的约束，想要在有限的空间中设置大量的选项时，选择器的优势就凸显出来了。

1．日历选择器

日历选择器与实物日历类似，一般可以选择某个单独的日期或者某个范围内的日期。根据不同的移动设备，可以有不同的切换方式，如滑动切换、滚轮切换等。日历选择器除了可以自定义时间区域，还可以借助翻页图标进行年份和月份的切换。日历选择器中的日期也有一定的区别，如可选日期和不可选日期应当用不同的颜色标记，这可帮助用户直接定位到今天的日期。如果选择的日期范围比较大，则可以在选择开始时间和结束时间的地方加入选择框，尽可能地降低用户操作的学习成本，简化用户操作，如图6-52所示。

图6-52　日历选择器

2．滚动选择器

滚动选择器通过滚动的形式对选项和数值进行选择，常见的有年份日期选择器、时间选择器等，如图6-53所示。

图6-53　滚动选择器

3. 级联选择器

级联选择器通过级联菜单的形式对数据进行展示，选定第一级时会对应出现该选项包含的分类，第二级、第三级以此类推，如图6-54所示。级联选择器给用户带来了极大的便利，减少了在选择过程中需要分类查找的工作量。

图6-54 级联选择器

【课堂案例6-5】日历界面设计

日历界面绘制效果如图6-55所示。

1. 案例分析

绘制一款移动App的日历界面，可显示当前的日期，具备翻页按钮，日期以平铺形式展示，需要记录的日期可特殊标记。

（1）翻页按钮

为了实现月份切换，翻页按钮左右各一个，样式统一。

（2）日历布局

日历选择器默认展现一个月的日期，包含的日期较多，因此，布局是非常重要的一项工作。建议配合使用参考线，同时注意界面元素中文字大小的选择，科学、合理地布局，以打造良好的视觉效果。

（3）特殊标记

特殊标记是对特殊日期的记录，颜色一般较为明显，这里选取红色增强日期的辨识度。

图6-55 日历界面效果

2. 绘制过程

（1）创建画布

在Photoshop CC 2020中选择"文件"菜单下的"新建"命令，新建宽度为750像素、高度为1334像素、分辨率为72像素/英寸的画布。导入背景素材，将背景所在图层命名为"图层1"。

（2）绘制状态栏

① 新建参考线。

选择"视图"菜单下的"新建参考线"命令，设置水平参考线，"位置"为"40像素"，如图6-56所示。

图6-56　新建参考线

② 绘制信号。

a. 使用"椭圆工具"绘制宽、高均为14像素的正圆，颜色为白色，将图层命名为"信号1"，使用组合键【Ctrl+J】将"信号1"图层复制4次，分别命名为"信号2""信号3""信号4""信号5"，将5个正圆均匀分布。将"信号4""信号5"图层中的正圆修改为描边为白色、无填充的正圆，效果如图6-57所示。

b. 按住【Shift】键，选择"信号1"至"信号5"图层，使用组合键【Ctrl+G】将其合并为一个组，命名为"信号"。使用"文字工具"，选择"苹方"字体，设置字号为"28像素"，输入文字"中国联通"。将文字与信号在水平方向对齐，效果如图6-58所示。

③ 绘制时间。

a. 再次使用"文字工具"，选择"苹方"字体，设置字号为"24像素"，输入时间，形成"11:05AM"图层，效果如图6-59所示。

图6-57　信号绘制　　　　　　图6-58　文字绘制　　　　　　图6-59　时间

b. 将"11:05AM"图层和"图层1"图层同时选中，如图6-60所示。

c. 使用工具栏的"水平居中对齐"命令，将时间放在背景水平方向居中位置；同时选中"11:05AM"图层和"信号"组，使用"垂直居中对齐"命令，使其在垂直方向对齐，即保证时间和信号在同一条直线上，效果如图6-61所示。

图6-60　选中要对齐图层　　　　　　图6-61　信号与时间对齐

④ 绘制电池电量。

a. 使用"圆角矩形工具"，绘制宽度为50像素、高度为20像素、圆角半径为3像素的描边圆角矩形作为电池壳，将图层命名为"电池壳"，效果如图6-62所示。

b. 使用"矩形工具"，选择白色填充，取消描边，绘制宽度为22像素、高度为16像素的矩形作为电量，将图层命名为"电量"，效果如图6-63所示。

c. 使用"矩形工具"，选择白色填充，取消描边，绘制宽度为4像素、高度为10像素的矩形作为电极，将图层命名为"电极"，使用"直接选择工具"调整电极右上和右下的锚点，效果如图6-64所示。

d. 使用"文字工具"，选择"苹方"字体，设置字号为"24像素"，输入电量值，将图层命名为

"50%"，将电量值与电量调整为在水平方向对齐，效果如图6-65所示。

  e. 将以上"电池壳"图层、"电量"图层、"电极"图层、"50%"图层合并为一个组，命名为"电池电量"。

  ⑤ 绘制Wi-Fi图标。

  a. 使用"椭圆工具"绘制白色填充的正圆，将图层命名为"Wi-Fi图标"，效果如图6-66所示。

图6-62 电池壳   图6-63 电量   图6-64 电极   图6-65 电量值50%   图6-66 正圆绘制

  b. 使用"路径选择工具"选中该正圆，配合组合键【Ctrl+C】、【Ctrl+V】将其复制、粘贴后使用组合键【Ctrl+T】将其缩小至原来的"80%"，参数设置如图6-67所示。

  c. 使用"路径选择工具"选中大小为80%的正圆，执行工具栏"路径操作"中的"减去顶层形状"命令，将大小为80%的正圆减去，如图6-68所示。

  d. 再次使用"路径选择工具"选择外面的正圆，使用组合键【Ctrl+C】、【Ctrl+V】、【Ctrl+T】将其复制、粘贴后缩小至原来的"60%"，参数设置如图6-69所示，效果如图6-70所示。

图6-67 缩小到"80%"设置   图6-68 减去80%的正圆效果   图6-69 缩小到"60%"设置

  e. 再次使用"路径选择工具"选择外面100%的正圆，使用组合键【Ctrl+C】、【Ctrl+V】、【Ctrl+T】将其复制、粘贴后缩小至原来的"40%"，参数设置如图6-71所示。

  f. 执行工具栏的"路径操作"中的"减去顶层形状"命令，将大小为40%的正圆减去，如图6-72所示。

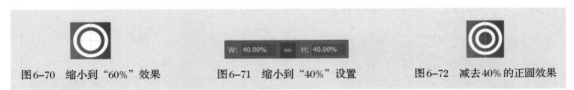

图6-70 缩小到"60%"效果   图6-71 缩小到"40%"设置   图6-72 减去40%的正圆效果

  g. 继续使用"路径选择工具"选择外面100%的正圆，使用组合键【Ctrl+C】、【Ctrl+V】、【Ctrl+T】将其复制、粘贴后缩小至原来的"20%"，参数设置如图6-73所示，效果如图6-74所示。

  h. 选择"矩形工具"，按住【Alt】键减去多余形状，仅保留图6-74中圆环的四分之一，效果如图6-75所示。

图6-73 缩小到"20%"设置   图6-74 缩小到"20%"效果   图6-75 保留四分之一

  i. 使用"合并形状组件"命令，将"Wi-Fi图标"图层中的形状组件合并，使用组合键【Ctrl+T】将合并后的形状旋转45°，效果如图6-76所示。

j. Wi-Fi图标绘制完成。将其放在合适位置，调整其与信号在水平方向对齐，如图6-77所示。

k. 调整状态栏信号、时间、电池电量水平方向对齐，使其合理分布，至此状态栏绘制完成，效果如图6-78所示。

图6-76　Wi-Fi图标　　　图6-77　信号元素水平对齐　　　　图6-78　状态栏效果

⑥ 将以上图层合并为组，命名为"状态栏"组，如图6-79所示。

（3）绘制天气区域

① 使用"圆角矩形工具"，绘制宽度为120像素、高度为70像素、圆角半径为35像素的描边圆角矩形，如图6-80所示。

② 按住【Shift】键，使用"圆角矩形工具"，在同一图层上绘制宽度为100像素、高度为50像素、圆角半径为25像素的描边小圆角矩形，如图6-81所示。

图6-79　界面的状态栏　　　　图6-80　大圆角矩形绘制　　　　图6-81　小圆角矩形绘制

③ 按住【Shift】键，使用"椭圆工具"，在同一图层上继续绘制宽、高均为90像素的描边正圆，整体调整大小，如图6-82所示。

④ 使用课堂案例5-1中介绍过的方法，绘制太阳和光芒，效果如图6-83所示。

⑤ 将云朵、太阳、光芒所在图层同时选中，使用组合键【Ctrl+G】编组，命名为"云朵太阳"，如图6-84所示。

⑥ 使用"文字工具"，选择"苹方"字体，设置字号为"24像素"，白色，输入"烟台"，效果如图6-85所示。

⑦ 使用"文字工具"，选择"苹方"字体，设置字号为"72像素"，白色，输入"31"，效果如图6-86所示。

图6-82　正圆绘制　　　　　图6-83　太阳和光芒绘制　　　　图6-84　"云朵太阳"组

⑧ 使用"椭圆工具"，绘制宽、高均为16像素的描边正圆，使用"文字工具"输入"℃"，完成温度绘制，如图6-87所示。

图6-85　文字输入　　　　　图6-86　数字输入　　　　　图6-87　温度单位绘制

（4）绘制月份选择区域

① 使用"文字工具"，选择"苹方"字体，设置字号为"48像素"，白色，输入"2022年6月"，效果如图6-88所示。

② 在年月左侧和右侧分别绘制左右箭头，方便用户进行月份切换，如图6-89所示。

（5）绘制日期展现区域

① 使用"文字工具"，选择"苹方"字体，设置字号为"36像素"，白色，设置图层的"不透明度"为"55%"，在水平方向依次输入"日""一""二""三""四""五""六"，确定好"日"和"六"的位置，左右留空相同，效果如图6-90所示。

图6-88　年月输入　　　　　　　图6-89　箭头绘制　　　　　　　图6-90　星期输入

② 使用"文字工具"，设置字号为"36像素"，白色，在垂直方向依次输入"29""5""12""19""26"，修改"29"的颜色（RGB：152，147，157），设置以上数字均居中。

③ 单击工具栏中的"切换字符和段落面板"按钮，打开"字符"面板，设置行距为"76像素"，如图6-91所示。

④ 选择文字"日"所在图层，将"日"载入选区作为对齐参照物，在垂直方向对日期进行对齐及均匀分布，效果如图6-92所示。

⑤ 使用同样的方法将整个日历区域绘制完成，效果如图6-93所示。

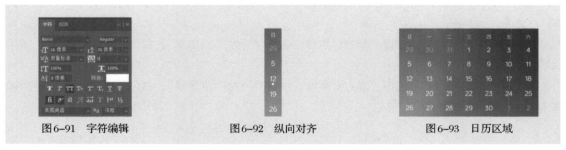

图6-91　字符编辑　　　　　　　图6-92　纵向对齐　　　　　　　图6-93　日历区域

⑥ 使用"椭圆工具"绘制宽、高均为70像素的正圆，填充红色（RGB：214，88，92），效果如图6-94所示。

⑦ 使用"椭圆工具"绘制宽、高均为70像素的正圆，取消填充，设置白色描边，效果如图6-95所示。

⑧ 使用"椭圆工具"绘制宽、高均为10像素的正圆，填充白色，将图层命名为"椭圆4"，效果如图6-96所示。

图6-94　红色填充圆　　　　　　图6-95　白色描边圆　　　　　　图6-96　白色填充圆

⑨ 使用同样的方法完成其他相关日期的加圆点标注工作，将图层命名为"椭圆4 拷贝""椭圆4 拷贝2"，效果如图6-97所示。

⑩ 将以上与日历相关的"椭圆4""椭圆4 拷贝""椭圆4 拷贝2"图层与日期、星期文字所在图层同时选中，使用组合键【Ctrl+G】对其编组，命名为"日历"，如图6-98所示。

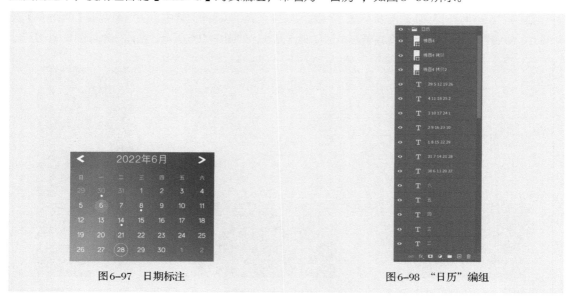

图6-97　日期标注　　　　　　　　　　　　　图6-98　"日历"编组

（6）绘制备忘录区域

① 使用"直线工具"，绘制3条白色直线，设置"不透明度"为"10%"，使这3条直线在垂直方向均匀分布，效果如图6-99所示。

② 使用"文字工具"，选择"苹方"字体，设置字号为"30像素"，白色，图层"不透明度"设置为"50%"，输入"日程安排"，放在第一条直线上方；使用"文字工具"，设置字号为"24像素"，白色，输入"09 AM"，放在第二条直线上方，如图6-100所示。

③ 使用"椭圆工具"绘制宽、高均为12像素的正圆，填充白色，使其与文字"09 AM"水平对齐，效果如图6-101所示。

图6-99　直线绘制　　　　　　　图6-100　文字输入　　　　　　　图6-101　正圆绘制

④ 使用"文字工具"，选择"苹方"字体，设置字号为"30像素"，白色，输入"学习中心会议"，放在第一条直线和第二条直线之间，使其与正圆和"09 AM"在同一条水平线上，如图6-102所示。

⑤ 将"正圆""09 AM""学习中心会议"文字所在的3个图层同时选中，使用组合键【Ctrl+G】将其编组，命名为"安排列表1"，如图6-103所示。

图6-102　文字对齐

⑥ 使用组合键【Ctrl+J】将该组复制两次，分别命名为"安排列表2"和"安排列表3"，调整其位置，将"安排列表2"组放在第二条直线和第三条直线之间，将"安排列表3"组放在第三条直线下方。调整"安排列表1"组、"安排列表2"组、"安排列表3"组的间隔，保证其垂直方向在一条直线上的同时，间隔均匀分布，随后分别修改其文字内容，效果如图6-104所示。

⑦ 将"安排列表1"组、"安排列表2"组、"安排列表3"组同时选中，使用组合键【Ctrl+G】对其编组，命名为"备忘录"。至此，备忘录区域制作完成，如图6-105所示，整体效果如图6-55所示。

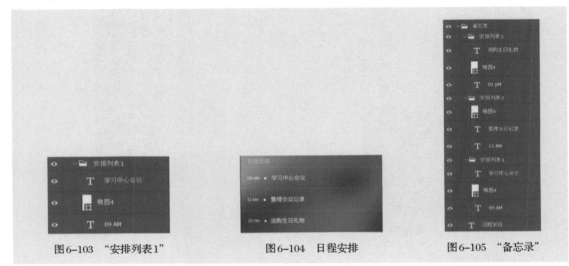

图6-103　"安排列表1"　　　　图6-104　日程安排　　　　图6-105　"备忘录"

> 🖐 **知识拓展**
>
> 　　默认情况下，选择器通过折叠的方法将大部分选项隐藏，只有激活选择时才会展现出来。选择器的结构也不尽相同，根据实际的 App 功能有不同的选择器可供使用，如日历选择器、滚动选择器、级联选择器等，适当的选择器可以促进界面的高效使用。

6.2.5　开关设计

开关是对当前状态的表达，开关通过样式来区分开和关的状态，有时也会使用文字进行辅助说明。

【课堂案例6-6】开关设计

开关绘制效果如图6-106所示。

1. 案例分析

设计一款切换开关，要求风格简约，结构布局合理。

2. 设计思路

根据案例分析，选择圆角矩形作为开关的主形状进行设计。通过大圆角矩形中嵌套小圆角矩形的方式表现开关切换。

3. 设计过程

（1）创建画布

在Photoshop CC 2020中选择"文件"菜单下的"新建"命令，新建宽度为400像素、高度为

【课堂案例 6-6】
开关设计

图6-106　开关效果

400像素、分辨率为72像素/英寸的画布。

（2）绘制外部主体

使用"圆角矩形工具"绘制宽度为114像素、高度为64像素、圆角半径为10像素的圆角矩形，填充颜色（RGB：18,158,204），将图层命名为"外部主体"，效果如图6-107所示。

（3）绘制内部切换

使用"圆角矩形工具"绘制宽和高均为54像素、圆角半径为10像素的圆角矩形，颜色为白色，将图层命名为"内部切换"，效果如图6-108所示。

图6-107　外部主体圆角矩形绘制　　　　　　图6-108　内部切换圆角矩形绘制

（4）绘制开关状态

① 使用"矩形工具"绘制宽度为4像素、高度为20像素的矩形，颜色与"外部主体"的颜色相同，将图层命名为"对号"。使用组合键【Ctrl+T】将矩形逆时针旋转45°，效果如图6-109所示。

② 按住【Shift】键，用同样的方法在同一图层中绘制宽度为4像素、高度为34像素的矩形，使用组合键【Ctrl+T】将其顺时针旋转45°，调整矩形的位置，效果如图6-110所示。

③ 将"对号""内部切换""外部主体"图层同时选中，使用组合键【Ctrl+G】进行编组，命名为"切换开关"，开关绘制完成。

④ 选择"自定形状工具"在工具栏选择"自定形状拾色器"，使用同样的方法绘制叉号，设置颜色（RGB：92,92,92），效果如图6-111所示。

图6-109　对号左矩形绘制　　　　图6-110　对号右矩形绘制　　　　图6-111　叉号

🖳 课后实训

1. 绘制图6-112所示的下拉列表框。
2. 绘制图6-113所示的搜索框。
3. 绘制图6-114所示的表单，注意各控件的尺寸和布局。

图6-112　下拉列表框　　　　　　图6-113　搜索框　　　　　　　图6-114　表单

6.3 按钮设计

按钮是App界面非常重要的组成部分，也是用户与界面进行交互的基本元素。按钮有效地模仿了现实生活中的交互方法。

6.3.1 按钮类型

在UI设计中，UI设计师需要准确地把握界面的整体风格。按钮作为界面的一个组成部分，应当与界面风格一致。为了方便用户查看，吸引用户点击，在设计过程中应合理应用和融入相关元素，保证按钮清晰。

按钮通常分为文本按钮和图文按钮。

1．文本按钮

文本按钮在界面中通常用一段文字来展现，如图6-115所示。按钮的风格要与App的整体风格一致，并且要设计得显眼。UI设计师可以综合各种设计元素，提升按钮的新颖性、独特性。

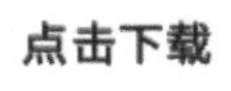

点击下载

图6-115　文本按钮

2．图文按钮

图文按钮一般由图标、文字构成，需要搭配相应的背景、边框，添加阴影等效果，如图6-116所示。作为常用的视觉元素，设计按钮时需选择合适的尺寸、颜色，以形象化的形状表达按钮的含义，方便用户理解和使用。

图6-116　图文按钮

6.3.2 简约按钮设计

简约风格的按钮设计在界面中非常常见，通过添加背景和简单的文字就可以很清晰地表达按钮的功能。下面介绍简约按钮的基本设计方法和技巧。

【课堂案例6-7】简约确认按钮设计

简约确认按钮绘制效果如图6-117所示。

1．案例分析

【课堂案例6-7】

简约确认按钮设计

确认

图6-117　简约确认按钮效果

设计一款简约的确认按钮，要求设计风格简单，合理使用图层样式，提升按钮的设计美感。

2．设计思路

在按钮设计中，常使用圆形、圆角矩形、矩形、三角形等形状作为主要形状，本案例对确认按钮进行设计，这里选择圆角矩形。整体选用常见的扁平化风格，通过添加描边等效果提升按钮的层次感。

3．设计过程

（1）创建画布

在Photoshop CC 2020中选择"文件"菜单下的"新建"命令，新建宽度为400像素、高度为400像素、分辨率为72像素/英寸的画布。

（2）绘制按钮

① 在水平200像素和垂直200像素的位置拉好参考线。使用"圆角矩形工具"从画布中心点出发

绘制宽度为254像素、高度为86像素、圆角半径为40像素的圆角矩形，填充
颜色（RGB：220,96,54），如图6-118所示，将图层命名为"底板"。

　　② 为该图层添加图6-119所示的"描边"效果，"填充类型"为"渐变"，
设置渐变色［（RGB：46,29,24）、（RGB：86,55,45）、（RGB：255,255,255）］，
对应的渐变位置分别为"0%""45%""100%"，渐变设置如图6-120所示，
设置完成后的底板如图6-121所示。

图6-118　圆角矩形绘制

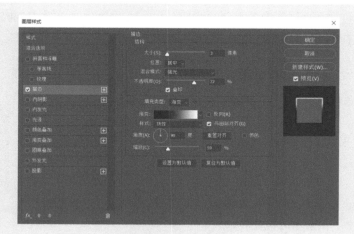

图6-119　"描边"设置

图6-120　渐变设置

图6-121　底板样式

（3）绘制文字

　　① 使用"文字工具"，选择"苹方""中等""浑厚"字体，设置字号为"42像素"，白色，输入
文字"确认"，文字设置如图6-122所示。

　　② 文字输入效果如图6-123所示。

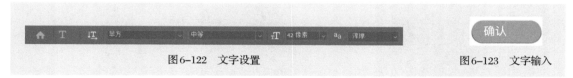

图6-122　文字设置　　　　　　　　　　图6-123　文字输入

　　③ 同时将"底板"图层和"确认"图层选中，对其进行图6-124所示的"水平居中对齐"和

"垂直居中对齐"设置。至此，确认按钮绘制完成，效果如图6-117所示。

图6-124　对齐设置

6.3.3　水晶按钮设计

水晶按钮通过打造高光等效果形成更强的视觉冲击力，图像比文字更容易吸引用户的注意力。水晶效果的设置并不复杂，通过明暗对比，打造色彩对比鲜明、立体感较强的视觉效果。

【课堂案例6-8】水晶确认按钮设计

水晶确认按钮绘制效果如图6-125所示。

1．案例分析

设计一款图文水晶确认按钮，要求按钮呈现高光的质感，立体感强、美观。

【课堂案例6-8】

水晶确认按钮设计

图6-125　水晶确认按钮
绘制效果

2．设计思路

根据案例分析，选择圆形作为按钮的主形状进行设计。高光的质感通过添加多种图层样式、调整不透明度来实现。

3．绘制过程

（1）创建画布

在Photoshop CC 2020中选择"文件"菜单下的"新建"命令，新建宽度为400像素、高度为400像素、分辨率为72像素/英寸的画布。

（2）绘制背景

在水平200像素和垂直200像素的位置拉好参考线，在画布上使用"渐变工具"，选择"径向渐变"，设置渐变色 [（RGB：100,230,36）、（RGB：28,121,12）]，渐变位置依次为"0%""100%"，从画布中心点出发，添加"渐变"效果，渐变设置如图6-126所示，渐变效果如图6-127所示。

（3）绘制底板

① 使用"椭圆工具"，从画布中心点出发绘制宽、高均为238像素的白色正圆，将图层命名为"底板"，效果如图6-128所示。

图6-126　渐变设置

图6-127　渐变效果

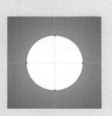

图6-128　正圆绘制

② 为"底板"图层添加"渐变叠加"图层样式，具体参数设置如图6-129所示，效果如图6-130所示。

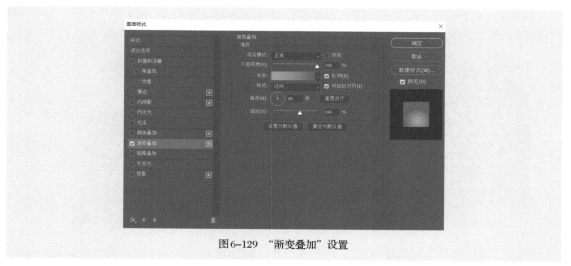

图6-129　"渐变叠加"设置

③ 此时光晕在正圆正中间，拖动光晕，光晕会随着鼠标指针的位置移动，将光晕移动到正圆下方，效果如图6-131所示。

图6-130　"渐变叠加"效果

图6-131　光晕调整

④ 为"底板"图层添加"投影"图层样式，具体参数设置如图6-132所示，完成后的效果如图6-133所示。

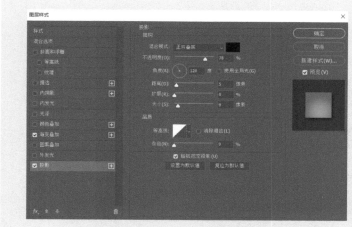

图6-132　"投影"设置

图6-133　"投影"效果

（4）设计图形

① 选择"自定形状工具"，在工具栏选择"自定形状拾色器"，如图6-134所示。

② 找到并选择要使用的图形后拖动鼠标进行绘制，使用组合键【Ctrl+T】自由变换，成比例地对图形进行缩放，保证图形不变形，将图层重命名为"确认对号"，绘制后的效果如图6-135所示。

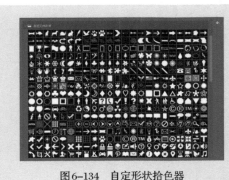

图6-134　自定形状拾色器

图6-135　自定义形状载入

③ 为"确认对号"图层添加"外发光""投影"图层样式，具体参数设置分别如图6-136、图6-137所示，完成后的效果如图6-138所示。

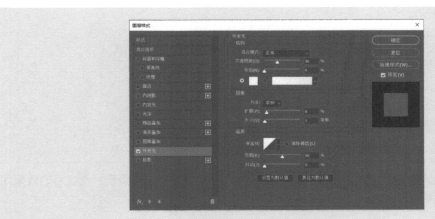

图6-136　"外发光"设置

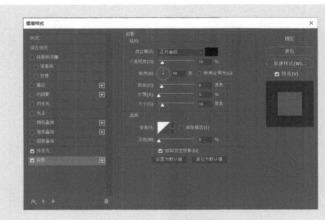

图6-137　"投影"设置

图6-138　"确认对号"图层效果

（5）设计文字

① 使用"文字工具"，选择"华文琥珀""平滑"字体，设置字号为"36像素"，输入文字"确认"，将新生成的图层重命名为"确认"，效果如图6-139所示。

② 为"确认"图层添加"外发光""投影"图层样式，这里直接对"确认对号"图层样式进行复制、粘贴，在"确认对号"图层上右击，在弹出的快捷菜单中选择"拷贝图层样式"命令，然后回到"确认"图层上右击，在弹出的快捷菜单中选择"粘贴图层样式"命令，将图层样式进行复制、粘贴。随后，调节"外发光"图层样式的参数，具体设置如图6-140所示；调整"投影"图层样式的参数，具体设置如图6-141所示，完成后的效果如图6-142所示。

图6-139 文字输入

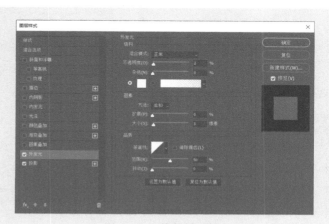

图6-140 "外发光"设置

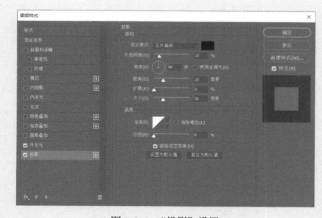

图6-141 "投影"设置

图6-142 "确认"图层效果

（6）绘制高光

① 使用"椭圆工具"绘制宽度为204像素、高度为38像素的白色椭圆，将图层命名为"高光"，效果如图6-143所示。

② 为白色椭圆添加白色到透明的线性渐变效果，渐变设置如图6-144所示。渐变效果如图6-145所示。

图6-143　椭圆绘制

图6-144　渐变设置

图6-145　渐变效果

③ 将"高光"图层的"不透明度"设置为"20%"，如图6-146所示，最终效果如图6-125所示。

图6-146　"不透明度"设置

108

🖑 知识拓展

按钮的风格多种多样，应当根据项目需求进行选择。适当进行图文混排可以让按钮的功能更加明确。在某些情况下单纯的图标就可以很好地表达按钮功能，此时不需要用文字进行解释；有时想要表达的操作很难通过图标展示，或者该操作非常重要，怕用户误操作，就可以使用纯文本的按钮。

💬 课后实训

对"默认""悬浮""按下"3种动作的按钮状态进行如图 6-147 所示的设计。

图6-147　按钮状态

6.4　本单元小结

本单元对常用的界面控件进行了介绍，重点讲解了滑块、表单、按钮的设计知识和技巧。本单元在结合具体的案例，对常用界面控件进行分析的同时，带领读者动手完成控件制作。通过本单元的学习，读者应能够结合实际项目和产品功能，科学、合理地选择控件进行界面设计。

6.5　课后练习题

设计控件时，是不是添加的样式越多越好呢？说明你的理由。

07 ——————————— 单元 7

App 界面类型

在日常生活中，人们每天都要用到各种 App。App 界面大致包括启动页、闪屏页、引导页、首页、注册登录页、子页等，下面依次进行介绍。

素质目标：
全面提升学生的职业素养。

知识目标：
1. 了解不同类型的界面；
2. 掌握各类界面的特点；
3. 掌握各类界面的组成。

技能目标：
能够对不同类型的界面进行分析和设计。

7.1 启动页

启动页较为简单，背景往往为单色的图片或者渐变色的图片，内容一般包含该 App 的 Logo、标语、版权等，是对 App 的一种宣传。

7.1.1 启动页的意义

启动页是用户打开 App 第一眼看到的界面，是呈现给用户的过渡界面。这个界面能够缓解用户在等待 App 打开过程中的焦虑情绪，让等待变得不那么枯燥、无趣。

7.1.2 启动页的特点

启动页的内容并不多，主要是传递给用户"我是做什么的"这一信息。在设计启动页的过程中需要合理搭配产品 Logo、标语、名称等相关信息，借此加深用户对产品的认识。

【课堂案例 7-1】启动页案例分析

【课堂案例 7-1】

启动页案例分析

启动页在大多数 App 中都会涉及，下面结合常用的 App 进行分析。

国内大多数 App 的启动页起到过渡作用，时间维持几秒，是进行品牌形象打造的窗口，设计风格简单，品质感十足。

有的启动页重点放在 Logo 展示上，如图 7-1 所示。

有的启动页对 Logo 进行加工和变形，这不但保留了原来产品的品牌形象，还给用户焕然一新的感觉，如图 7-2 所示。但是，这种形式的启动页设计起来复杂很多：首先，变形的 Logo 要与产品思维一致；其次，变形的 Logo 要表达新的内涵，对产品品牌形象提供有力支撑。

110

图 7-1　Logo 展示　　　　　　　　　　　　图 7-2　变形的 Logo 展示

有的启动页展示的是 Logo 与标语的组合，如图 7-3 所示。

在启动页中可以增加一些图画丰富和修饰界面，要注意一定要与主题协调，用来做修饰的图画要表现得更为含蓄，同时能较好地体现出品牌价值，如图 7-4 所示。

图 7-3　Logo 与标语组合展示　　　　　　　图 7-4　Logo 与标语及图画展示

🖂 课后实训

在生活中你还见到过什么样的启动页？

7.2 闪屏页

闪屏页形似启动页，通常用于展示促销活动广告信息，主要展示为了提升产品曝光度而进行的广告宣传活动，一般会引导用户点击跳转查看，如图7-5所示。闪屏页因为其广告宣传性质，容易被用户排斥，所以闪屏页一般带有倒计时、跳过、关闭等功能。

✋ **知识拓展**

除以上闪屏页外，还有视频版闪屏页，这类闪屏页通过视频效果吸引用户眼球，达到宣传的目的。另外，为了引起用户的情感共鸣，当遇到节日时，可以进行相关信息的情感表达，如使用相关节日插画烘托节日氛围，这是闪屏页时效性的表现。

💬 **课后实训**

在生活中你还见到过什么样的闪屏页？

图7-5 闪屏页

7.3 引导页

App启动页加载之后可进入引导页，引导页一般由多个页面组成，页面与页面之间关联性很强，设计的风格一致，在布局、文字颜色搭配、内容选取等方面都有很高的统一性。

7.3.1 引导页的意义

引导页相当于产品的概括介绍，是引导用户熟悉和认识产品的界面，向用户介绍使用该App将会有怎样的收获。

7.3.2 引导页的特点

引导页并不是所有App的标配，引导页一般具有功能介绍、协助问题解决等作用。引导页会随着版本更新等进行迭代更新，比如，版本更新后的新功能介绍、新版本的操作说明等，都可以在引导页展示。

【课堂案例7-2】引导页案例分析

不同产品的引导页侧重点不尽相同，引导页的多个页面有的是该App的使用说明，有的是对该App主要功能和特色创新的介绍，有的是知识的宣讲等。引导页设计的出发点不同，对应内容也就不同，但是总的原则是向用户展示产品的强大功能，激发用户使用该App的兴趣，提升用户留存率。

【课堂案例7-2】

引导页案例分析

1. 功能介绍型

功能介绍型引导页是一种常见的引导页，主要对该App的功能进行提炼和展示，表达产品的功能和优势，配合图像对功能进行解释说明，让使用该App的用户对产品有大致的了解，如图7-6所示。

图7-6　功能介绍型引导页

在App升级和改版后，有时可以在引导页中进行亮点分析，介绍新版本的特色。

2．操作指导型

操作指导型引导页出现在用户首次打开App或小程序时，若担心用户学习使用App的成本过高，就可以用操作指导型引导页给用户以提示，如图7-7所示。操作指导型引导页在展现功能的同时，便于用户了解功能的使用方法，从而更有针对性地给用户指导。

🖐 **知识拓展**

引导页一般在用户首次安装、卸载重装、产品版本更新后出现。引导页不宜太多，以免给用户带来负担。引导页可以通过左右滑动进行切换，一般在最后一页会有相应的引导按钮，方便用户点击进入 App 使用。

图 7-7　操作指导型引导页

💬 **课后实训**

如果要设计一款租车 App，你打算选用哪种类型的引导页？说说你的理由。

7.4　首页

首页是 App 特别重要的一个界面，首页通常包含 App 的核心功能，要将这些功能清晰地呈现给用户，如图 7-8 所示。

图 7-8　首页

> **知识拓展**
>
> 首页需要将用户常用的功能尽可能清晰地展现，方便用户完成所需操作，通过点击就能跳转到子页。首页的设计、布局要以方便用户使用为原则。

7.5 注册登录页

注册、登录是App的基本功能，对于大多数App而言，都是需要用户注册、登录的，因此注册登录页设计是App产品设计的重要环节。

7.5.1 注册登录页的意义

注册登录页一方面对用户信息进行维护，另一方面方便促进用户转化。注册登录页从布局上看较为简单，却是一个逻辑性很强的界面，如果App的注册、登录过于烦琐，就可能导致大量用户流失，因此这部分的用户体验需要特别强调。

7.5.2 注册登录页的特点

一部分App在刚打开时，就提示、引导用户进行注册和登录操作，但也有一部分App允许用户先自行使用，当体验良好，需要进行个性化操作或者用到某些特定功能时，再进行注册和登录。先体验，有需求再注册、登录可以很好地避免用户因为烦琐的注册、登录操作而放弃使用App，而且现在很多App也在尽可能简化烦琐、复杂的注册流程，尽可能用较少的步骤引导用户完成注册、登录，减轻用户的操作负担。除了基本信息，用户可以自愿选择填写其他信息，比如对用户进行个性化推送的相关信息，用户可根据自身需求选择性填写。

【课堂案例 7-3】

【课堂案例 7-3】注册登录页案例分析

1. 普通注册登录

注册登录页一般包含注册和登录两部分，点击"注册"按钮可以进入注册页面，

点击"登录"按钮可以开启登录信息输入。因为存在用户忘记密码的可能性，所以一般会增加"忘记密码"按钮，或者在密码框右边添加标识，方便用户进行密码找回操作，如图7-9所示。

注册登录页案例分析

图7-9 普通注册登录

2．快速登录

很多App设置了快速登录，即用户可以通过常用软件如QQ、微信、支付宝等账号进行登录，无须再次注册，相关信息可以直接通过第三方获取，如图7-10所示。

3．手势密码登录

有的App设计了手势密码登录等登录形式，如图7-11所示。

图7-10　快速登录页面　　　　　　　　图7-11　手势密码登录

✋ 知识拓展

注册、登录方式多样，可根据产品的定位、产品的设计思维、用户需求调研等方面进行个性化设计。

💬 课后实训

完成图7-12所示的注册页设计。

图7-12　注册页

7.6　子页

子页也是App的重要组成页面，作为App的二级、三级等界面，子页会根据App的功能和用户指令对内容进行呈现，如图7-13所示。

图7-13　子页

　　子页的下面还可以嵌套子页，如首页下面有列表页，在列表页中点击列表项会进入详情页等，需要注意每一个子页都应当有相应的返回按钮，方便用户回到上一级界面或者回到某指定界面。

　　对于一款相对成熟的App而言，界面的类型很多，需要根据具体的用户需求进行规划和设计。随着移动互联技术的快速发展，互联网App的同质化也日趋严重，想要设计出有创意、有质感的界面就需要UI设计师从细节出发，多观察、多总结、多尝试。

7.7　本单元小结

　　本单元从界面的分类、界面的组成等方面对App界面进行了详细介绍，为第4篇的项目实战提供了理论基础。

7.8　课后练习题

　　结合具体的App界面，谈谈界面视觉设计和用户体验的重要作用。

第4篇
UI 设计实战篇

内容结构图

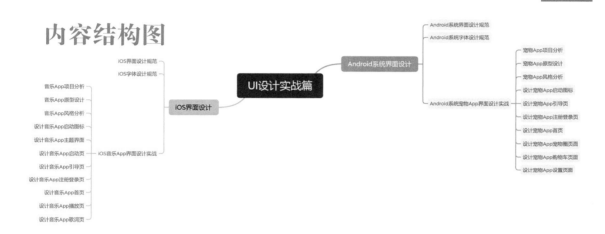

引言

本篇选取 iOS 和 Android 系统的 App 界面进行项目设计，包括项目分析、启动图标设计、各界面的设计等，结合前面所学的界面设计规范，以项目实战的形式对读者进行综合能力培养，帮助读者进一步巩固基础知识，掌握设计规范和设计技巧。

08 ——————————————— 单元 8

iOS 界面设计

　　作为 UI 设计师，针对 iOS 进行设计工作，需要了解 iOS 常用界面尺寸等，将核心功能元素简洁地呈现给用户，并且给予用户良好的指导，这样才能给用户带来良好、流畅的体验。明确各功能模块和各控件之间的逻辑关系是 UI 设计师需要重点思考的，同时要注意设计的产品可以在多种操作情景下适配。

素质目标：

1. 培养学生的规范意识；
2. 引导学生树立精益求精的大国工匠精神。

知识目标：

1. 掌握 iOS 界面设计规范和设计要求；
2. 掌握产品定位、项目分析方法；
3. 掌握 App 原型设计方法；
4. 熟悉 iOS 界面设计方法。

技能目标：

1. 能够在项目分析前对产品精准定位，科学开展项目分析；
2. 能够依据项目分析进行界面原型设计；
3. 能够依据原型图进行 App 界面设计；
4. 能够熟练应用所学知识完成 iOS App 界面设计。

8.1　iOS 界面设计规范

　　下面以 iPhone 为例对 iOS 界面尺寸进行讲解，iPhone 界面尺寸如表 8-1 所示。

表 8-1　iPhone 界面尺寸　　　　　　　单位/像素 × 像素

iOS 设备	尺寸	iOS 设备	尺寸
iPhone 6、6S、7、8	1334 × 750	iPhone 12、iPhone 12 Pro、iPhone 13、iPhone 13 Pro、iphone 14	2532 × 1170
iPhone 6P、6SP、7P、8P	2208 × 1242	iPhone 12 Pro Max、iPhone 13 Pro Max	2778 × 1284
iPhone X、XS	2436 × 1125	iPhone 14 Pro、iPhone 15、iPhone 15 Pro	2556 × 1179
iPhone XS Max	2688 × 1242	iPhone 14 Pro Max、iPhone 15 Pro Max	2796 × 1290

在设计过程中推荐使用宽度为 750 像素、高度为 1334 像素的尺寸做设计稿，这个尺寸的界面上下适配比较容易。表 8-2 列举了几款 iPhone 的参考尺寸。

表 8-2 iPhone 参考尺寸

iOS 设备	整体尺寸／像素×像素	状态栏／像素	导航栏／像素	标签栏／像素
iPhone 6、6S、7、8	1334×750	40	88	98
iPhone 6P、6SP、7P、8P	2208×1242	60	132	147
iPhone X	2436×1125	132	132	147

状态栏位于界面最上部，属于 iOS 界面的固定部分，主要对信号、运营商、网络情况、定位、电池电量等信息进行展示，如图 8-1 所示。手机型号不同，对应的状态栏高度也不同。手机屏幕分为全面屏和非全面屏，全面屏的整体外观高度要高于非全面屏。这里以宽度为 750 像素、高度为 1334 像素的界面尺寸为例，其状态栏高度一般为 40 像素。

导航栏位于状态栏下方，主要用来显示页面标题等信息，其高度一般为 88 像素，如图 8-2 所示。

119

图 8-1 状态栏

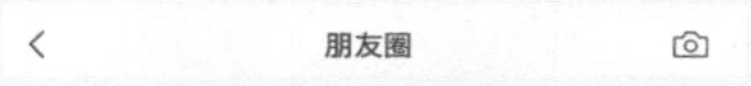

图 8-2 导航栏

标签栏位于界面底部，通常由多个图标及对应文字构成，主要用来展示该 App 包含的几大功能模块，其高度一般为 98 像素。

内容区就是屏幕的主要区域，一般位于标签栏和导航栏之间。其高度为界面高度减去状态栏、导航栏、标签栏的高度，即 1334 像素 −40 像素 −88 像素 −98 像素 =1108 像素。表 8-3 列举了 1334 像素 ×750 像素尺寸界面各区域的尺寸。

表 8-3 1334 像素 ×750 像素尺寸界面各区域的尺寸   单位／像素×像素

区域	尺寸	区域	尺寸
状态栏	750×40	标签栏	750×98
导航栏	750×88		

课后实训

在 iPhone 上截屏，将截屏文件导入 Photoshop 软件，测量界面尺寸及状态栏、导航栏、标签栏、内容区的尺寸。

8.2 iOS 字体设计规范

iOS 默认英文字体为 San Francisco，默认中文字体为苹方。不同移动端项目的产品定位和功能需求不同，文字出现在 App 界面的位置不同，其重要程度不同，选用的字体大小也有所不同，在实际应用中需要结合项目界面的布局进行适当调整。对于特别重要的文本可以加粗、加大等，保证文字的大小对比合适，文字容易被关注和识别。遇到段落文字较多的情况，可以调整行间距来提升阅读的舒适性。

💬 课后实训

完成图 8-3 所示的分段控件设计，界面宽度设置为 750 像素。

图8-3　分段控件设计

8.3　iOS 音乐 App 界面设计实战

前面了解了 iOS 界面和字体的设计规范，下面就要进入项目的实战阶段。音乐 App 的启动图标和部分界面如图 8-4 所示。

图8-4　音乐App的启动图标与部分界面

图8-4 音乐App的启动图标与部分界面（续）

8.3.1 音乐 App 项目分析

在进行App项目设计、开发之前，需要对产品进行准确定位。本音乐App项目主要涵盖音频、视频、个性化等服务，提供分类歌曲专辑库的应用，帮助用户快速搜索歌曲，能播放歌曲、显示歌词，同时提供一个很好的交流、沟通、讨论平台，给音乐爱好者提供个性化的歌曲录制等服务。明确产品的定位之后就可以结合功能需求对音乐App的界面设计做进一步分析。

8.3.2 音乐 App 原型设计

从音乐App启动图标设计开始，将启动图标放入界面中完成iOS主题界面设计，随后进入音乐App界面设计，App界面主要包括启动页、引导页、首页、注册登录页、子页等。每个页面都包含多种元素，有大量的信息需要展现，UI设计师可以先将思路和想法绘制成草图进行记录，方便后续讨论和修订，草图不需要太复杂，能够简单体现功能、方便交流即可，也就是只需要将想法记录下来，不需要多么华丽和精美。

针对上述音乐App的特点和设计方案，使用Axure RP软件完成音乐App主要界面的原型设计，主要包括界面的线框图搭建和交互效果制作。

1. 搭建线框图

综合使用Axure RP软件的元件库，结合项目分析完成线框图设计稿。

（1）启动页

启动页是用户打开App的首个界面，一般选择用户熟悉的Logo、文字、标语、版权等作为启动页的主要内容，如图8-5所示。

（2）引导页

引导页的主要作用是介绍产品的主要功能和特点，引导用户使用App，使用户在首次打开App时可以快速对产品有较为清晰的了解。引导页的类型较多，这里采用功能介绍型引导页对音乐App进行简单的功能介绍，吸引用户使用。为了不增加用户负担，引导页设置为3页，通过圆圈进行页面标识。最后一页增加"立即体验"按钮，方便用户顺利进入

图8-5 启动页原型

App，如图8-6所示。

图8-6　引导页原型

（3）注册登录页

注册登录页主要用于用户注册和登录，由用户名框和密码框等组成，"登录"按钮应当设计得大一些，方便用户识别和点击。应当提供密码找回按钮以防用户忘记密码，如图8-7所示。为了方便用户注册和登录，可以提供常用的第三方登录方式，如使用腾讯QQ、微信、支付宝等账号登录。

（4）首页

对一款App产品来讲，首页不仅可以清晰地展现该App的特点、核心功能，还可以提供良好的用户体验，因此，首页的设计至关重要。随着移动设备的快速发展，移动端App产品同质化越来越明显，在这样的情况下，如何让自己的产品脱颖而出，将自身的特色更好地展现给用户是UI设计师要重点考虑的问题。结合本音乐App设计思路，首页采用宫格布局，将点击操作做到最简单。

首页主要由状态栏、导航栏、内容区、标签栏等部分构成。状态栏这里不做设计，只需留出相应的空间即可；导航栏包含搜索框等相关内容；对应的核心内容区包括音乐App的标语、"排行""推荐""歌单""最多"等主功能，以及精选推荐区域的"经典主题""励志主题""影视主题""游戏主题""校园主题""儿歌主题"等；标签栏主要包括"首页""跟我唱""直播""我的"功能。首页原型如图8-8所示。

按照上述原型设计方法完成其他界面的原型设计。

需要注意的是，引导页滑动需要用到动态面板对不同状态的内容进行切换，所以先切换到"引导页"，选择"动态面板"，将"动态面板"拖入工作区，大小调整为高1334像素、宽750像素，位置从(0,0)开始，将动态面板重命名为"引导页切换"，内置3个状态，分别为"引导页1""引导页2""引导页3"，如图8-9所示。

将3个引导页分别放入动态面板对应的3个状态。

👆 知识拓展

　　Axure RP是一款功能强大的原型交互设计软件，可高效创建产品线框图、结构图，实现界面布局与交互效果呈现。

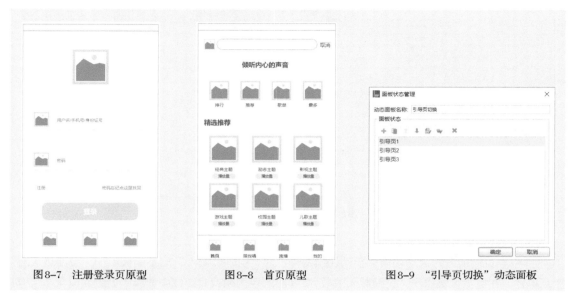

图8-7 注册登录页原型　　　　图8-8 首页原型　　　　图8-9 "引导页切换"动态面板

2．设计交互效果

设计交互效果主要包括设计点击图标跳转、设计启动页停留时间、设计引导页切换、设计进入首页交互等。

（1）设计点击图标跳转

① 在元件库中找到"热区"工具，如图8-10所示。

② 将其拖动到工作区主题界面的音乐App启动图标上，调整热区大小，将音乐App启动图标和文字覆盖，为该热区添加"鼠标单击时"效果，选择"添加动作"中的"打开链接"，在"当前窗口"打开"启动页"，具体用例编辑如图8-11所示。

图8-10 "热区"工具　　　　　　图8-11 在"当前窗口"打开"启动页"

③ 此时点击主题界面的音乐App启动图标即可跳转到启动页。

（2）设计启动页停留时间

启动页停留时间不宜过长，一般以3~5秒为宜，这里选择3秒进行交互设计。在Axure RP中选择"启动页"页面，添加"页面载入时"效果，设置等待3秒后隐藏启动页图片，然后跳转到引导页，具体设置如图8-12所示。按【F5】键预览，实现效果。

图8-12　启动页停留时间设置

（3）设计引导页切换

① 引导页切换分为自动切换和手动切换两种。为"引导页切换"动态面板添加"页面载入时"交互事件。在检视区域双击"页面载入时"，在弹出的用例编辑对话框中选择"设置面板状态"，具体设置如图8-13所示。按【F5】键预览，实现轮播。

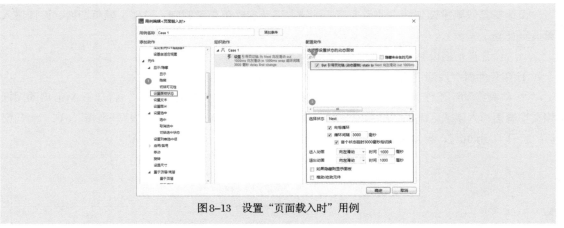

图8-13　设置"页面载入时"用例

② 为"引导页切换"动态面板添加"向左拖动结束时"交互事件。在检视区域双击"向左拖动结束时"，设置如图8-14所示。这里取消勾选"向后循环"和"循环间隔"复选框，"进入动画"和"退出动画"选择"向左滑动"。

图8-14　设置"向左拖动结束时"用例

③ 同样地，为"引导页切换"动态面板设置"向右拖动结束时"的交互事件。在检视区域双击"向右拖动结束时"，设置如图8-15所示。至此，手动拖动轮播效果实现。

图8-15 设置"向右拖动结束时"用例

（4）设计进入首页交互

进入"引导页切换"动态面板的"引导页3"页面，为"立即体验"按钮添加"热区"，设置"鼠标单击时"的交互事件，使其被点击时跳转到"首页"，同时可以设置当"引导页3"停留时间结束后自动跳转到"首页"。

🖑 **知识拓展**

　　Axure RP 除了可以完成线框图设计，还可以在用户单击某区域或按钮时实现点击跳转、开关切换等功能。点击跳转主要用在界面的打开上，可以在当前窗口或者新窗口等对象中打开新界面。另外，在界面设计中经常会用到滑动开关等控件，通过开关的滑动交互可实现启动或停止某项功能的切换，是用户与设备进行交互的重要工具。

8.3.3 音乐 App 风格分析

　　在进行UI设计时需要先明确设计风格，风格是基于产品定位产生的，风格一致的界面给用户带来的体验会更好，能够将产品的功能和内涵更有效地传递给用户。

　　本项目采用扁平化风格设计，尽可能地用简单的形状直接呈现，降低形状的复杂程度，同时以方便用户使用为原则，将常用功能在界面中显眼的位置展示出来。

　　视觉效果是移动端App设计的关键，界面的颜色可以给用户带来直接的视觉冲击。本项目是设计音乐App，在色彩的选取上，选择较为鲜艳又不失稳重的黄棕色为主色，以白色、灰色等颜色为辅助色，对图标和界面进行点缀。

🖑 **知识拓展**

　　在对产品进行风格分析时要重点考虑用户群体和产品理念的表达要点，风格确定后，各界面要统一起来，以确定好的主色为基准，进行辅助色的选取。

125

【项目实战 8-1】设计音乐 App 启动图标

设计音乐 App 启动图标

启动图标是 App 的重要入口，音乐 App 启动图标应直观地表达音乐的特征，如图 8-16 所示。

1．设计思路

启动图标与唱片相结合，采用经典的老式唱片形象抽象提炼出音乐播放的特征，启动图标宽度为 1024 像素、高度为 1024 像素、圆角半径为 180 像素。

2．设计步骤

（1）创建画布

在 Photoshop CC 2020 中选择"文件"菜单下的"新建"命令，新建宽度为 1024 像素、高度为 1024 像素、分辨率为 72 像素 / 英寸的画布。

（2）绘制底板

① 使用"圆角矩形工具"绘制宽和高均为 1024 像素、圆角半径为 180 像素的圆角矩形，填充颜色（RGB：196，106，26），将图层命名为"底板"，效果如图 8-17 所示。

② 使用"椭圆工具"在"底板"图层上绘制宽、高均为 74 像素的白色正圆，图层命名为"圆"，再次使用"椭圆工具"绘制宽、高均为 20 像素的正圆，设置颜色（RGB：255，103，98），将图层命名为"圆圈修饰"，效果如图 8-18 所示。

图 8-16　音乐 App 启动图标效果　　　　图 8-17　底板绘制　　　　图 8-18　圆圈修饰绘制

③ 为"圆圈修饰"图层添加"投影"图层样式，设置"混合模式"为"正片叠底"，设置颜色（RGB：235，135，59），具体参数设置如图 8-19 所示，设置完成后的效果如图 8-20 所示。

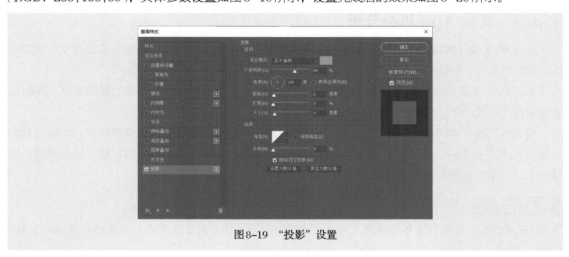

图 8-19　"投影"设置

（3）绘制调节条部分

① 使用"矩形工具"绘制宽度为 392 像素、高度为 30 像素的矩形作为调节条，填充颜色

（RGB：236，132，74），将图层命名为"调节条"，设置图层混合模式为"正片叠底"，"填充"为"45%"，效果如图8-21所示。

图8-20　圆圈修饰效果

图8-21　调节条绘制

②　为"调节条"图层添加"内阴影""投影"图层样式。在"内阴影"设置中，"混合模式"为"正片叠底"，设置颜色（RGB：179，179，179），具体参数设置如图8-22所示。在"投影"设置中，"混合模式"为"正常"，颜色为白色，具体参数设置如图8-23所示。设置完成后的效果如图8-24所示。

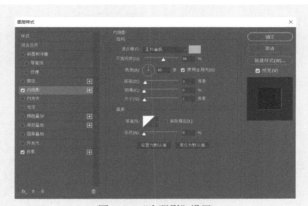

图8-22　"内阴影"设置

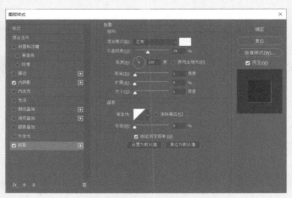

图8-23　"投影"设置

③　使用"矩形工具"绘制宽度为44像素、高度为80像素的矩形作为调节块，填充颜色（RGB：216，216，216），将图层命名为"调节块"，效果如图8-25所示。

图8-24　调节条效果

图8-25　调节块绘制

④ 将"调节块"图层复制、粘贴一次，其副本图层重命名为"调节块阴影"，对"调节块阴影"图层添加图8-26所示的"内阴影"图层样式，设置"混合模式"为"正片叠底"，设置颜色（RGB：197, 197, 203）。添加图8-27所示的"投影"图层样式，设置"混合模式"为"正片叠底"，设置颜色（RGB：191, 103, 53）。设置完成后的效果如图8-28所示。

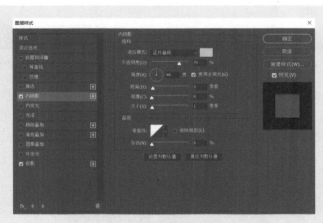

图8-26 "内阴影"设置

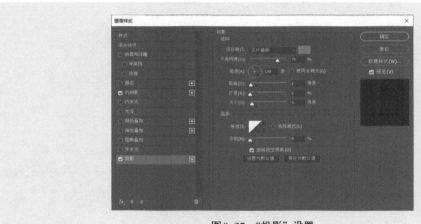

图8-27 "投影"设置

⑤ 使用"矩形工具"绘制宽度为4像素、高度为56像素的矩形作为修饰条，填充颜色（RGB：179, 179, 184），将图层命名为"修饰条"，效果如图8-29所示。

图8-28 调节块效果　　　　　　　　　　　　　　　图8-29 修饰条绘制

⑥ 为"修饰条"图层添加"内阴影"图层样式，具体参数设置如图8-30所示，设置完成后的效果如图8-31所示。

⑦ 将以上"修饰条"图层、"调节块阴影"图层、"调节块"图层、"调节条"图层编组，命名为"播放调节"，如图8-32所示。

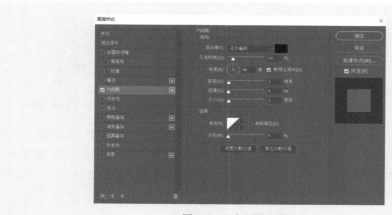

图8-30 "内阴影"设置

（4）绘制唱片

① 使用"椭圆工具"绘制宽、高均为746像素的白色正圆作为唱片外圆，将图层命名为"唱片外圆"，效果如图8-33所示。

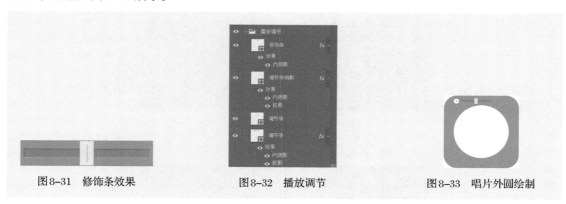

图8-31 修饰条效果   图8-32 播放调节   图8-33 唱片外圆绘制

② 为"唱片外圆"图层添加"内阴影"图层样式，具体参数设置如图8-34所示。设置完成后的效果如图8-35所示。

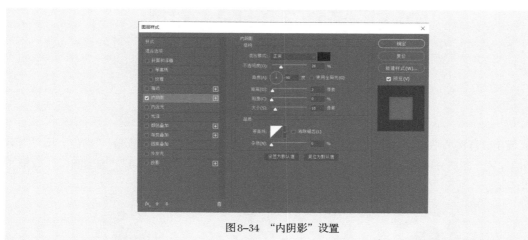

图8-34 "内阴影"设置

③ 使用"椭圆工具"绘制宽、高均为612像素的黑色正圆作为唱片内圆，将图层命名为"唱片内圆"，效果如图8-36所示。

图8-35 唱片外圆效果

图8-36 唱片内圆绘制

④ 再次使用"椭圆工具"绘制宽、高均为550像素的黑色正圆，将图层命名为"描边圆"，为"描边圆"图层添加图8-37所示的"描边"图层样式，设置"填充类型"为"颜色"（RGB：145,137,129），继续为其添加"内阴影"图层样式，具体参数设置如图8-38所示，设置完成后的效果如图8-39所示。

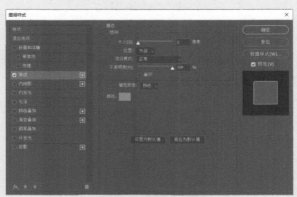

图8-37 "描边"设置

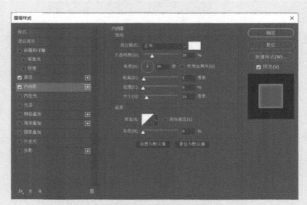

图8-38 "内阴影"设置

⑤ 使用同样的方法绘制依次缩小的黑色正圆，为其添加与"描边圆"相同的"描边"和"内阴影"图层样式，图层分别命名为"描边圆1""描边圆2""描边圆3""描边圆4""描边圆5"，效果如图8-40所示。

图8-39 描边圆效果

图8-40 正圆绘制

⑥ 继续绘制宽、高均为184像素的黑色正圆，将图层命名为"内环"，为"内环"图层添加"描边"图层样式，具体参数设置如图8-41所示。其中"填充类型"为"渐变"，渐变设置如图8-42所示，设置渐变颜色 [（RGB：255,228,0）、（RGB：180,178,21）、（RGB：232,198,164）]，渐变位置依次为"0%""42%""100%"，设置完成后的效果如图8-43所示。

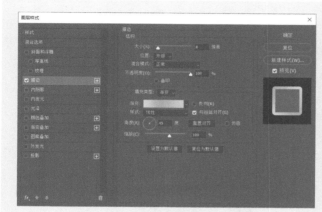

图8-41 "描边"设置

图8-42 渐变设置

⑦ 使用"椭圆工具"绘制宽、高均为12像素的白色正圆，作为小亮点，将图层命名为"亮点"，如图8-44所示。

⑧ 将"描边圆"图层的"描边"和"内阴影"图层样式复制、粘贴到"亮点"图层，效果如图8-45所示。

⑨ 将以上与唱片相关的"亮点""内环""描边圆""描边圆1"~"描边圆5""唱片内圆""唱片外圆"等图层同时选中，使用组合键【Ctrl+G】编组，命名为"唱片"，如图8-46所示。

图8-43 内环效果

图8-44 亮点绘制

图8-45 亮点效果

图8-46 "唱片"

（5）绘制播放器

① 使用"椭圆工具"绘制宽、高均为164像素的白色正圆，将图层命名为"播放器底板"，效果如图8-47所示。

图8-47　播放器底板绘制

② 为"播放器底板"图层添加"斜面和浮雕"图层样式，具体参数设置如图8-48所示。设置完成后的效果如图8-49所示。

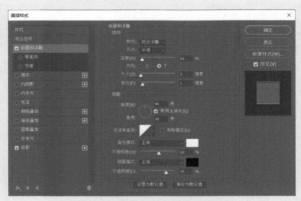

图8-48　"斜面和浮雕"设置

③ 复制"播放器底板"图层，将新图层命名为"播放器内圆"，图层中的正圆大小调整为宽、高均为98像素，填充颜色（RGB：140,132,132），效果如图8-50所示。

④ 使用"矩形工具"绘制矩形作为播放杆，设置颜色（RGB：140,132,132），将图层命名为"播放杆"，效果如图8-51所示。

图8-49　播放器底板效果

图8-50　播放器内圆绘制

图8-51　播放杆绘制

⑤ 为"播放杆"图层添加"投影"图层样式，具体参数设置如图8-52所示，设置完成后的效果如图8-53所示。

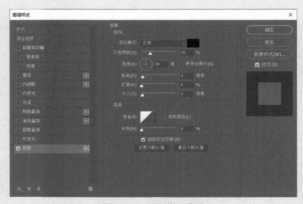

图8-52　"投影"设置

⑥ 使用"圆角矩形工具"和"矩形工具",绘制图 8-54 所示的图形,将图层命名为"唱片磁头"。

⑦ 将"播放器底板"图层的"斜面和浮雕"和"播放杆"图层的"投影"图层样式复制、粘贴到"唱片磁头"图层上,效果如图 8-54 所示。

⑧ 将以上与播放器相关的"唱片磁头""播放杆""播放器内圆""播放器底板"图层同时选中,使用组合键【Ctrl+G】编组,命名为播放器,如图 8-55 所示。至此,音乐 App 启动图标绘制完成。

图 8-53　播放杆效果

图 8-54　唱片磁头绘制

图 8-55　"播放器"组

133

✋ 知识拓展

如果该项目已经有 PC 端产品,要开发移动端产品,则建议启动图标在保留原来 PC 端核心元素的基础上进行调整。

【项目实战 8-2】设计音乐 App 主题界面

前面了解了 iOS 界面和字体的设计规范,下面尝试将设计好的启动图标放到界面中,如图 8-56 所示。

设计音乐 App 主题界面

1. 设计思路

本项目采用的是宽度为 750 像素、高度为 1334 像素的界面尺寸。在设计中需要特别注意状态栏的尺寸和各图标的布局,界面的左右两侧需要留空,文字和图标的设计要协调一致。

2. 设计步骤

(1)创建画布

在 Photoshop CC 2020 中选择"文件"菜单下的"新建"命令,新建宽度为 750 像素、高度为 1334 像素、分辨率为 72 像素/英寸的画布。导入背景和状态栏,效果如图 8-57 所示。

(2)布局主界面图标

结合图标大小、状态栏和每行图标尺寸、每行图标之间间隔、界面左右留空等要求,合理设置参考线,效果如图 8-58 所示。

第一行放入 4 个图标,确定好最左边和最右边两个图标的位置后,将这一行的 4 个图标使用"水平分布"按钮均匀分布,如图 8-59 所示。用相同的方法布局音乐 App 启动图标,效果如图 8-56 所示。

图 8-56　音乐 App 主题界面效果

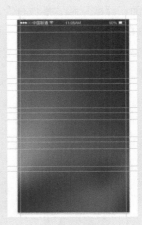

图 8-57　导入背景和状态栏　　　　图 8-58　参考线　　　　图 8-59　图标均匀分布

134

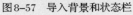 知识拓展

　　这里要强调的一点是，因为设计的启动图标一般尺寸较大，所以放入界面中时需要进行适配缩小，在适配过程中要保证图标不会因为缩放而变形。

【项目实战 8-3】设计音乐 App 启动页

　　启动页与启动图标要整体风格一致、色彩统一，作为 App 打开时第一个映入用户眼帘的过渡界面，停留时间不能太长。启动页是启动 Logo 和引导页的重要衔接，它们在视觉上要保持一致，如图 8-60 所示。

设计音乐 App 启动页

1．设计思路

　　背景采用从橙色到浅棕色的渐变打造过渡效果，图 8-60 中的启动 Logo，用圆形衬托修饰，文字选用音乐 App 的标语"倾听内心的声音"，界面最下方加版权信息，相应的字体、字号按照界面要求设置。

2．设计步骤

　　（1）创建画布

　　在 Photoshop CC 2020 中选择"文件"菜单下的"新建"命令，新建宽度为 750 像素、高度为 1334 像素、分辨率为 72 像素 / 英寸的画布。

　　（2）设计背景

　　使用"渐变工具"，选择"线性渐变"，如图 8-61 所示，设置渐变颜色 [（RGB：207,90,33）、（RGB：241,141,38）]，完成的渐变效果如图 8-62 所示。

　　（3）设计 Logo 区域

　　① 使用"椭圆工具"在背景水平居中位置绘制宽、高均为 260 像素的正圆，将图层命名为"区域"，如图 8-63 所示。

图 8-60　音乐 App 启动页
效果

图8-61　渐变设置　　　　　　　　图8-62　渐变效果　　　　　　　图8-63　Logo区域绘制

② 为"区域"图层添加"描边"图层样式，其中"填充类型"为"颜色"，填充颜色为白色；添加"投影"图层样式，其中"混合模式"为"正片叠底"，叠加颜色（RGB：180,139,139），具体参数设置如图8-64、图8-65所示。设置完成后的效果如图8-66所示。

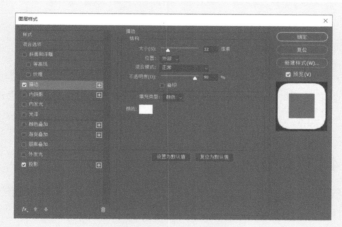

图8-64　"描边"设置

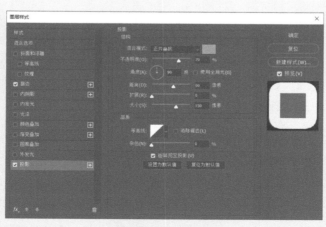

图8-65　"投影"设置

③ 将音乐 App 图标置入，调整到合适的大小和位置，效果如图 8-67 所示。

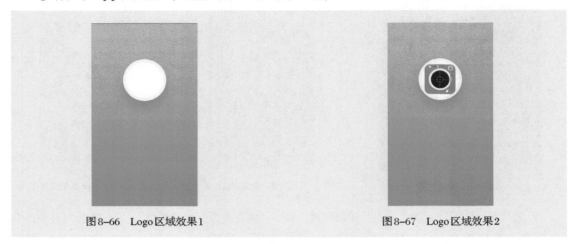

图 8-66　Logo 区域效果 1　　　　　　　　　　图 8-67　Logo 区域效果 2

（4）设计标语、版权

使用"文字工具"添加文字，选择"苹方""粗体"字体，输入图 8-60 所示的"倾听内心的声音""版权信息"等文字，效果如图 8-60 所示。

> **知识拓展**
>
> 因为人们的浏览习惯一般是从左到右、从上到下，因此界面中的元素也采用垂直排列的方式，提升用户体验。由于启动页的展现时间一般较短，所以界面元素也会按照对于用户的重要程度进行顺序排列。

【项目实战 8-4】设计音乐 App 引导页

引导页着重体现音乐 App 的核心功能，在设计过程中注意简洁风格和界面的衔接，保持视觉一致，如图 8-68 所示。

设计音乐 App 引导页

图 8-68　音乐 App 引导页效果

1．设计思路

结合前面的项目分析，这里选取较为简洁的白色背景，干净利落，凸显主题；为功能展示图片合理添加装饰元素进行点缀，在与背景深度融合的同时与启动页形成对比，丰富用户的视觉感受。

2．设计步骤

（1）创建画布

在Photoshop CC 2020中选择"文件"菜单下的"新建"命令，新建宽度为750像素、高度为1334像素、分辨率为72像素/英寸的画布。

（2）设计背景

① 填充白色作为背景，使用"多边形工具"，设置边数为"3"，绘制三角形，填充颜色（RGB：196，106，26），使用"直接选择工具"调整三角形各锚点，效果如图8-69所示。

② 复制该三角形并粘贴，使用组合键【Ctrl+T】进行"水平翻转"，调整位置后的效果如图8-70所示。

③ 对以上两个三角形图层使用组合键【Ctrl+G】编组，重命名为"下方修饰"，如图8-71所示。

图8-69　左三角形绘制　　　　图8-70　右三角形绘制　　　　图8-71　"下方修饰"组

（3）绘制手机轮廓

① 新建图层"轮廓"，使用"圆角矩形工具"，设置填充为"无"，描边为黑色，绘制宽度为488像素、高度为1060像素、圆角半径为60像素的圆角矩形作为手机轮廓，如图8-72所示。

② 在手机轮廓的中间位置拉好参考线，如图8-73所示。

③ 在参考线与手机轮廓交界处添加两个锚点，如图8-74所示。

图8-72　手机轮廓　　　　　图8-73　新建参考线　　　　　图8-74　添加锚点

④ 依次选择图8-75所示的锚点后按【Delete】键删除，删除后的效果如图8-76所示。

⑤ 同样地，依次选择图8-77所示的锚点，按【Delete】键删除，效果如图8-78所示。

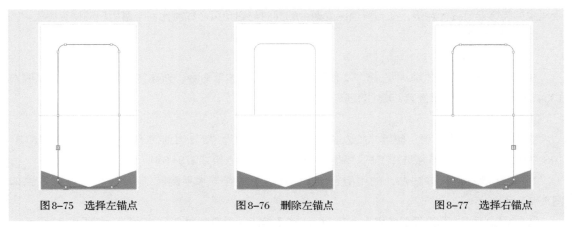

图 8-75　选择左锚点　　　　　　　图 8-76　删除左锚点　　　　　　　图 8-77　选择右锚点

⑥ 使用"椭圆工具""圆角矩形工具""矩形工具"等工具绘制手机各部件，效果如图 8-79 所示。

⑦ 为"轮廓"图层添加蒙版，蒙版使用图 8-80 所示的黑白渐变，添加蒙版后的效果如图 8-81 所示。

图 8-78　删除右锚点　　　　　　　图 8-79　手机轮廓修饰　　　　　　图 8-80　添加蒙版

（4）绘制音符区域

① 使用"椭圆工具"绘制宽、高均为 236 像素的正圆，颜色为（RGB：255,98,26），将图层命名为"底板下"，效果如图 8-82 所示。

② 为"底板下"图层添加"投影"图层样式，具体参数设置如图 8-83 所示，设置完成后的效果如图 8-84 所示。

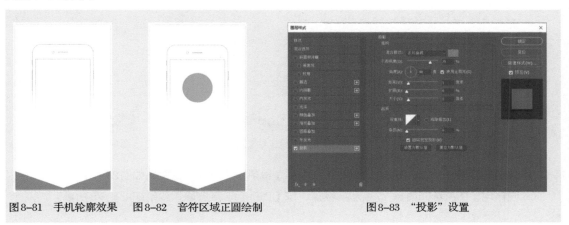

图 8-81　手机轮廓效果　　图 8-82　音符区域正圆绘制　　　　　　图 8-83　"投影"设置

③ 新建图层"底板上"，使用"椭圆工具"绘制宽、高均为236像素的正圆作为音符区域光影形状，填充颜色（RGB：255,210,0），设置图层"填充"为"60%"，效果如图8-85所示。

④ 添加两条白色弧线，图层分别命名为"左上弧线"和"右下弧线"，效果如图8-86所示。

图8-84 音符区域正圆"投影"效果　　图8-85 音符区域光影形状绘制　　图8-86 音符区域光影曲线绘制

⑤ 新建图层"修饰圈"，使用"椭圆工具"绘制宽、高均为18像素的白色正圆，设置图层"填充"为"80%"。将白色的圆放置到合适位置，效果如图8-87所示。

⑥ 使用"自定义形状"工具，选择"高音谱号"形状，拖动鼠标绘制形状，调整其大小和位置，将图层命名为"高音谱号"，效果如图8-88所示。

⑦ 将上述与音符相关的"高音谱号""修饰圈""右下弧线""左上弧线""底板上""底板下"图层同时选中，使用组合键【Ctrl+G】编组，重命名为"音符"，如图8-89所示。

图8-87 音符区域光影圆绘制　　图8-88 "高音谱号"形状载入　　图8-89 "音符"组

（5）绘制切换圆圈

① 新建图层"圆1"，使用"椭圆工具"绘制宽、高均为22像素的正圆，设置该正圆无描边，填充颜色（RGB：255，98，26）；新建图层"圆2""圆3"，分别绘制宽、高均为22像素的正圆，取消填充颜色，设置描边为"2像素"，设置颜色（RGB：255，98，26）。将上述3个图层的正圆均匀分布，效果如图8-90所示。

② 将以上"圆1""圆2""圆3"图层同时选中，使用组合键【Ctrl+G】编组，重命名为"切换圆"，如图8-91所示。

（6）设计引导页文字

① 使用"文字工具"，选择"苹方"字体，输入图8-92所示的文字，注意调整字号和排版布局。

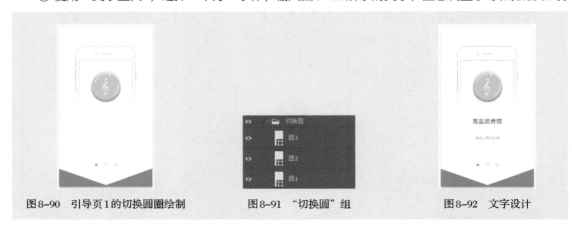

图8-90　引导页1的切换圆圈绘制　　　　图8-91　"切换圆"组　　　　　图8-92　文字设计

② 至此，引导页1设计完成。下面进行引导页2的设计。在引导页1的基础上，调整"切换圆"组的图层中正圆的填充和描边情况，将"圆1""圆2"图层的正圆取消填充，添加描边，设置颜色（RGB：255，98，26）；手机轮廓与引导页1相同，如图8-93所示。

（7）设计引导页2的视频区域和文字

① 使用"圆角矩形工具"绘制宽度为334像素、高度为198像素、圆角半径为6像素的圆角矩形作为视频屏幕，填充颜色（RGB：49,49,49），将图层命名为"视频屏幕"，效果如图8-94所示。

② 使用"圆角矩形工具"绘制宽度为314像素、高度为32像素、圆角半径为6像素的圆角矩形作为进度条背景，颜色为黑色，将图层命名为"进度条背景"，效果如图8-95所示。

图8-93　"引导页2"切换圆圈绘制　　　　图8-94　视频屏幕　　　　　图8-95　进度条背景

③ 使用"圆角矩形工具"绘制宽度为4像素、高度为14像素、圆角半径为2像素的圆角矩形作为暂停按钮，填充颜色（RGB：215,215,215），将图层命名为"暂停按钮"，效果如图8-96所示。

④ 使用"圆角矩形工具"绘制宽度为220像素、高度为4像素、圆角半径为2像素的圆角矩形作为进度槽，填充颜色（RGB：60,60,60），将图层命名为"进度槽"，效果如图8-97所示。

图8-96　暂停按钮

⑤ 使用"圆角矩形工具"绘制宽度为96像素、高度为4像素、圆角半径为2像素的圆角矩形作为进度条，填充颜色（RGB：73,187,72），将图层命名为"进度条"，效果如图8-98所示。

⑥ 使用"文字工具"，设置字号为"12像素"，输入文字"08:33"，将图层命名为"08:33"，效果如图8-99所示。

图8-97 进度槽   图8-98 进度条   图8-99 时长文字

⑦ 将以上与播放器相关的"进度条""进度槽""暂停按钮""08：33""进度条背景"图层同时选中，使用组合键【Ctrl+G】编组，重命名为"播放器"，如图8-100所示。

⑧ 将"播放器"组与"视频屏幕"图层同时选中，使用组合键【Ctrl+G】编组，重命名为"视频"，如图8-101所示。将引导页2中的文字替换为"高清视频""震撼、惊艳的现场"，效果如图8-102所示。至此，引导页2设计完成。

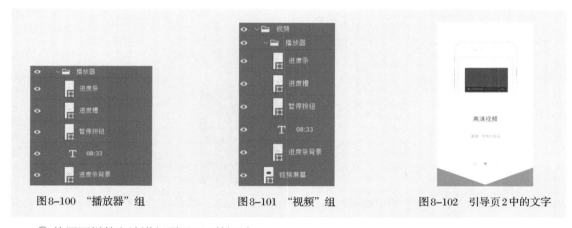

图8-100 "播放器"组   图8-101 "视频"组   图8-102 引导页2中的文字

⑨ 使用同样的方法进行引导页3的设计。

⑩ 在引导页1和引导页2的基础上，将"切换圆"组删除，绘制"立即体验"按钮。

（8）设计引导页3的"立即体验"按钮

① 使用"圆角矩形工具"绘制宽度为304像素、高度为84像素、圆角半径为42像素的圆角矩形作为按钮背景，填充颜色（RGB：196，106，26），将图层命名为"按钮背景"，效果如图8-103所示。

图8-103 按钮背景

② 使用"文字工具"，选择"苹方""常规"字体，输入文字"立即体验"，将文字设置在"按钮背景"圆角矩形的水平、垂直均居中的位置，效果如图8-104所示。

图8-104 按钮文字

③ 将文字图层和"按钮背景"图层同时选中，使用组合键【Ctrl+G】编组，重命名为"立即体验"，如图8-105所示。

④ 将"立即体验"组移到原来"切换圆"组的位置，如图8-106所示。

（9）绘制引导页3的魔幻球和文字设计

① 新建图层"球"，将"球"素材导入。新建图层"曲线"，绘制曲

图8-105 "立即体验"组

线，为"曲线"图层添加"颜色叠加"图层样式，叠加颜色（RGB：255，98，26），效果如图8-107所示。

② 新建图层"音量"，使用"圆角矩形工具"，绘制宽度为26像素、高度为124像素、圆角半径为10像素的圆角矩形，填充颜色（RGB：255，98，26），将圆角矩形复制多份，调整其高度，设置图层"填充"为"50%"，效果如图8-108所示。

③ 将以上"球""音量""曲线"等"魔幻球"相关图层同时选中，使用组合键【Ctrl+G】编组，重命名为"魔幻球"，如图8-109所示。

④ 将引导页3中的文字替换为"个性化录制""满足多样化需求"，效果如图8-110所示。

图8-106　引导页3的"立即体验"按钮绘制

142

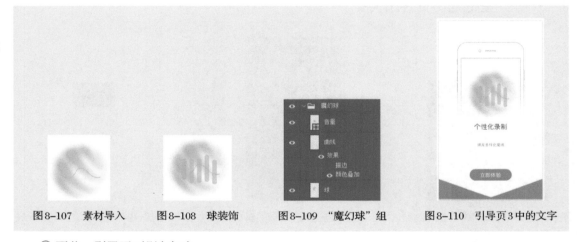

| 图8-107　素材导入 | 图8-108　球装饰 | 图8-109　"魔幻球"组 | 图8-110　引导页3中的文字 |

⑤ 至此，引导页3设计完成。

【项目实战8-5】设计音乐App注册登录页

注册登录页的主要作用是方便用户通过填写信息进入音乐App，其色彩与其他界面一致，这里不赘述。状态栏与其他界面相同，文字的字号和颜色按照重要程度进行区分，如图8-111所示。

1．设计思路

根据界面的布局和美观度自行调整内容区各模块的间距。根据前面的色彩搭配为"登录"按钮选取相应的颜色背景。

2．设计步骤

（1）创建画布

在Photoshop CC 2020中选择"文件"菜单下的"新建"命令，新建宽度为750像素、高度为1334像素、分辨率为72像素/英寸的画布。

（2）绘制背景

① 使用"钢笔工具"绘制波浪形，填充颜色（RGB：211，114，

图8-111　音乐App注册登录页效果

27），将所在图层命名为"波浪型"，效果如图8-112所示。

② 再次使用"钢笔工具"绘制两个三角形，填充颜色（RGB：218,137,64），调整其形状、大小、位置，将所在图层命名为"三角装饰"，效果如图8-113所示。

③ 修改两个三角形的"不透明度"为"20%"，效果如图8-114所示。

设计音乐App注册登录页

143

图8-112　背景绘制

图8-113　三角形修饰

图8-114　三角形"不透明度"修改

④ 使用"钢笔工具"绘制装饰形状，填充颜色（RGB：255,130,0），将其转换为选区，如图8-115所示。

⑤ 调整图层的"不透明度"为"20%"，将图层命名为"装饰形状"，效果如图8-116所示。

⑥ 使用"圆角矩形工具"绘制大小不同的圆角矩形，圆角半径为20像素，填充颜色（RGB：196,106,26），将图层命名为"斜圆角矩形"，修改其"不透明度"为"15%"，效果如图8-117所示。

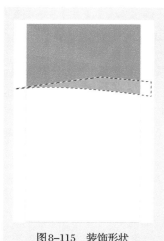

图8-115　装饰形状

图8-116　装饰形状"不透明度"修改

图8-117　斜圆角矩形绘制

⑦ 使用"椭圆工具"绘制若干小圆圈，排列为图8-118所示的样式，将图层命名为"钻石"，调整图层的"填充"为"30%"，效果如图8-118所示。

⑧ 将上述与修饰相关的"斜圆角矩形""装饰形状""三角装饰""波浪型""钻石"图层同时选中，使用组合键【Ctrl+G】编组，重命名为"修饰"，如图8-119所示。

⑨ 导入之前设计好的状态栏，效果如图8-120所示。

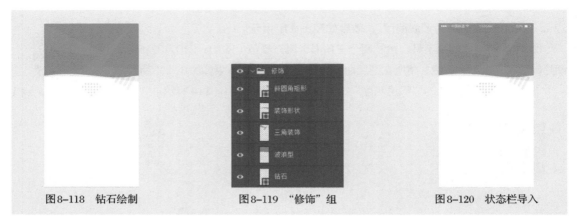

图8-118　钻石绘制　　　　　　　图8-119　"修饰"组　　　　　　　图8-120　状态栏导入

⑩ 导入音乐App启动Logo，调整大小和位置后，效果如图8-121所示。

（3）设计登录表单

① 将用户名、密码图标置入画布，调整其大小，放入合适的位置后，效果如图8-122所示。

② 使用"直线工具"绘制两条直线作为分割线，将图层命名为"分割线"，效果如图8-123所示。

③ 使用"文字工具"，选择"苹方""常规"字体，输入文字内容"用户名/手机号/身份证号""……………………"，如图8-124所示。

④ 调整图标和文字布局，效果如图8-125所示。

图8-121　音乐App启动图标导入

图8-122　图标绘制　　　　图8-123　分割线绘制　　　　图8-124　文字输入　　　　图8-125　调整图标和文字布局

⑤ 将以上与登录表单相关的"用户名/手机号/身份证号"文字图层、"用户名"图标所在图层、"分割线"图层同时选中，使用组合键【Ctrl+G】编组，重命名为"用户名表单"；将"密码"图标所在图层、"……………………"文字图层、"分割线"图层同时选中，使用组合键【Ctrl+G】编组，重命名为"密码表单"；将"用户名表单"及"密码表单"编组，组名为"登录表单"，如图8-126所示。登录表单效果如图8-127所示。

（4）设计快速登录

将"微信""QQ""支付宝"等图标导入画布，调整其位置，使其在水平方向均匀分布，效果如图8-128所示。

（5）设计登录按钮

① 使用"圆角矩形工具"绘制宽度为494像素、高度为100像素、圆角半径为10像素的圆角矩形，填充颜色（RGB：196,106,26），将图层命名为"登录按钮背景"，如图8-129所示。

② 使用"文字工具"，选择"苹方""常规"字体，输入"登录"，中间留一定空白。按住【Ctrl】键后单击"登录按钮背景"图层的缩略图，将图层载入选区，如图8-130所示。

③ 再次选中"登录"文字，使用对齐工具，使其在"登录按钮背景"中垂直方向和水平方向均居中，使用组合键【Ctrl+D】取消选区，效果如图8-131所示。

144

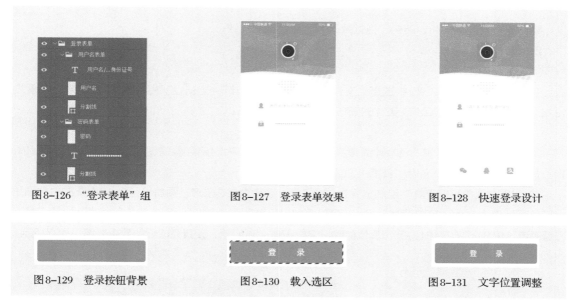

图8-126　"登录表单"组	图8-127　登录表单效果	图8-128　快速登录设计

图8-129　登录按钮背景	图8-130　载入选区	图8-131　文字位置调整

④ 将"登录"文字所在图层和"登录按钮背景"图层同时选中，使用组合键【Ctrl+G】将其编组，重命名为"登录按钮"，如图8-132所示，此时效果如图8-133所示。

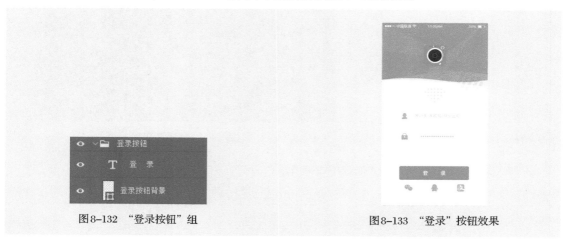

图8-132　"登录按钮"组	图8-133　"登录"按钮效果

（6）设计注册和密码找回

使用"文字工具"，选择"苹方""常规"字体，输入文字"注册""忘记密码点击找回"，效果如图8-111所示。

【项目实战8-6】设计音乐App首页

设计音乐App首页

首页常见的表现形式有列表型、宫格型等。列表型首页可在一个页面中使用图文展示相同级别的模块；宫格型首页是用宫格布局对主要功能进行分布展示，尽可能地在屏幕上将功能展示完整，本项目采用宫格型首页，如图8-134所示。

1.设计思路

音乐App首页的设计与前面的启动图标、启动页、引导页等的设计一

图8-134　音乐App首页效果

样，要具备一致性，布局、结构、视觉效果等方面要相对一致。

2．设计步骤

（1）创建画布

在 Photoshop CC 2020 中选择"文件"菜单下的"新建"命令，新建宽度为 750 像素、高度为 1334 像素、分辨率为 72 像素 / 英寸的画布。

（2）绘制背景

① 使用"矩形工具"绘制宽度为 750 像素、高度为 512 像素的矩形，填充颜色（RGB：196，106，26），将图层命名为"首页上方修饰"，如图 8-135 所示。

② 使用"圆角矩形工具"绘制宽度为 692 像素、高度为 232 像素、圆角半径为 40 像素的白色圆角矩形，将图层命名为"菜单背景"。为该图层添加"投影"图层样式，设置"混合模式"为"正常"，设置颜色（RGB：207，161，99），具体参数设置如图 8-136 所示，设置完成后的效果如图 8-137 所示。

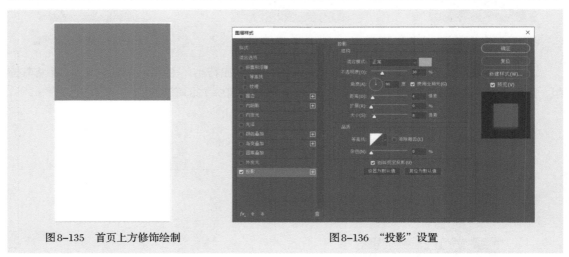

图 8-135　首页上方修饰绘制　　　　　　　　图 8-136　"投影"设置

③ 导入之前设计好的状态栏，如图 8-138 所示。

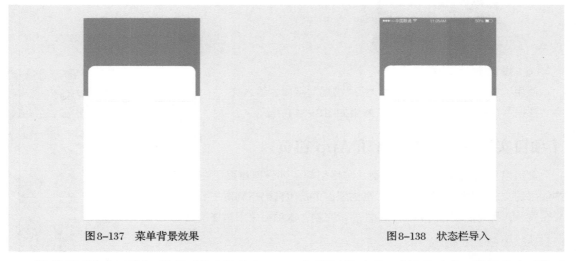

图 8-137　菜单背景效果　　　　　　　　图 8-138　状态栏导入

④ 使用"文字工具"，选择"华光胖头鱼_CNKI""犀利"字体，颜色为白色，输入文字"聆听内心的声音"，为该文字图层添加"投影"图层样式，具体参数设置如图 8-139 所示。设置完成后的

效果如图8-140所示。

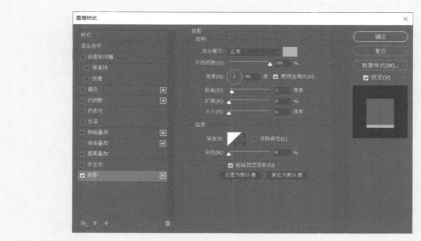

图8-139 "投影"设置

（3）设计导航栏

① 使用"圆角矩形工具"绘制宽度为568像素、高度为60像素、圆角半径为30像素的白色圆角矩形作为搜索框，将图层命名为"搜索框"，调整其"填充"为"40%"，效果如图8-141所示。

② 使用"文字工具"，选择"苹方""中等"字体，输入图8-142所示的文字内容，将图层分别命名为"歌名、歌词"和"取消"，注意调整文字位置。

图8-140 标语效果　　　　图8-141 搜索框　　　　图8-142 搜索框文字

③ 导入"语音"和"查找"图标，调整大小和位置，为"语音"图层添加"颜色叠加"图层样式，叠加颜色为白色。效果如图8-143所示。

图8-143 搜索框图标

④ 将以上与导航栏相关的"搜索框""歌词、歌名"文本图层、"取消"文本图层、"语音"和

"查找"图标所在图层同时选中，使用组合键【Ctrl+G】编组，重命名为"导航栏"，如图8-144所示。至此，导航栏设计绘制完成，效果如图8-145所示。

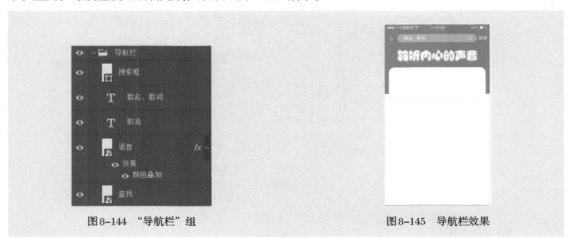

图8-144 "导航栏"组　　　　　　　　　　　图8-145 导航栏效果

（4）常用功能

① 使用"圆角矩形工具"绘制宽和高均为92像素、圆角半径为40像素的圆角矩形作为图标底板，填充颜色（RGB：196,106,26）。将"排行"图标置于圆角矩形的正中心位置，如图8-146所示。

② 使用"文字工具"，选择"苹方""粗体"字体，输入文字"排行"，调整其位置，效果如图8-147所示。

③ 将以上排行图标、排行文字、图标底板所在图层同时选中，使用组合键【Ctrl+G】编组，重命名为"排行"。使用组合键【Ctrl+J】将"排行"组复制3份，修改文字、图标等内容，调整各组内容位于"菜单背景"图层的垂直居中位置，效果如图8-148所示。

图8-146 "排行"图标　　　图8-147 "排行"文字　　　　图8-148 常用功能

（5）设计底部标签栏

① 使用"矩形工具"绘制宽度为750像素、高度为106像素的矩形，填充白色，将图层命名为"标签栏修饰线"，如图8-149所示。

② 为"标签栏修饰线"图层添加"内阴影"图层样式，设置"混合模式"为"正片叠底"，设置颜色（RGB：196,106,26），具体参数设置如图8-150所示，设置完成后的效果如图8-151所示。

③ 选择合适的icon图标，分别代表"首页""跟我唱""直播""我的"。"首页"的icon图标颜色设置为（RGB：196,106,26），效果如图8-152所示。

图8-149 矩形绘制

④ 使用"文字工具",选择"苹方""中等"字体,输入文字"首页""跟我唱""直播""我的",注意图文对齐,效果如图8-153所示。

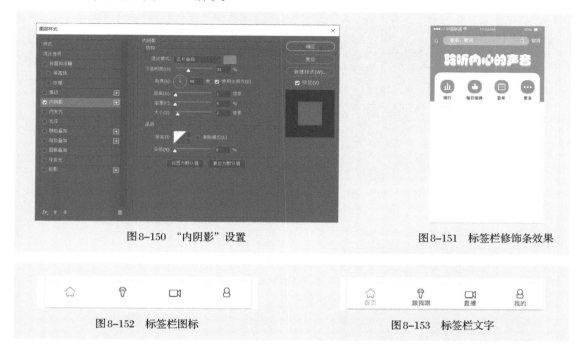

图8-150 "内阴影"设置

图8-151 标签栏修饰条效果

图8-152 标签栏图标

图8-153 标签栏文字

(6)设计宫格布局

① 使用"文字工具",选择"苹方""粗体"字体,输入文字"精选推荐",效果如图8-154所示。

② 使用"圆角矩形工具"绘制宽和高均为164像素、圆角半径为60像素的圆角矩形,填充颜色(RGB:196,106,26),将"经典"图标导入,调整位置和大小,如图8-155所示。

图8-154 文字标题

图8-155 经典主题分类

③ 为"经典"图标所在图层添加"渐变叠加"图层样式,具体参数设置如图8-156所示,其中渐变设置为图8-157所示的白色到青色(RGB:215,255,254),设置后的效果如图8-158所示。

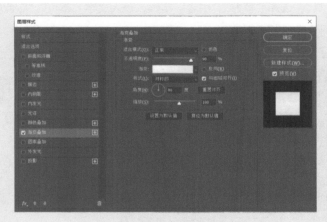

图8-156 "渐变叠加"设置

图8-157 渐变设置

图8-158 "渐变叠加"效果

④ 使用"圆角矩形工具"绘制宽度为156像素、高度为30像素、圆角半径为15像素的圆角矩形，填充颜色（RGB：140，136，136），作为播放信息背景，效果如图8-159所示。

⑤ 使用"多边形工具"绘制三角形作为播放按钮，如图8-160所示。

⑥ 使用"文字工具"，选择"苹方""中等"字体，输入图8-161所示的文字，注意文字和图片对齐。

图8-159 播放信息背景　　　　　　图8-160 播放按钮　　　　　　图8-161 文字

⑦ 将"经典"图标、"图标背景""播放信息背景""播放按钮""经典主题"等文字所在图层同时选中，使用组合键【Ctrl+G】编组，重命名为"经典主题"。使用同样的方法完成儿歌主题、校园主题、游戏主题、影视主题、励志主题的设计。

在设计过程中要特别注意图标的一致性和色彩的一致性，注意界面元素之间的分布和对齐关系，可将智能参考线调出，或者使用图层及形状的对齐方式、分布布局等进行调整，设计完成后的首页效果如图8-134所示。

👆 **知识拓展**

为了方便对界面元素进行管理，建议UI设计师在设计过程中养成图层编组的好习惯，方便后续的设计和维护工作，在设计过程中配合使用参考线，做到用心设计、精益求精。

【项目实战8-7】设计音乐App播放页

设计音乐App播放页

播放页是歌曲或者专辑播放时出现的界面，是用户停留时间较长的界面，其核心功能为播放歌曲，也为用户提供听歌时交流感悟的平台，如图8-162所示。

1．设计思路

子页设计之初要明确其核心目的和核心功能。子页用美观的界面对产品的信息进行传达和转化，需要特别注意其要呈现、表达的是什么，要选用什么样的构图布局方式。

播放页作为音乐App很重要的子页，首先其色彩要与其他界面在视觉上达成一致，采用常用的竖屏设计，配合符合用户阅读习惯的构图方式，播放页主要包括专辑图、评论区、播放器常用组件（如前进、后退、进度条、倍速播放及常用功能小组件等）。

图8-162 播放页效果

2．设计步骤

（1）创建画布

在Photoshop CC 2020中选择"文件"菜单下的"新建"命令，新建宽度为750像素、高度为1334像素、分辨率为72像素/英寸的画布。

（2）导入状态栏

导入之前设计的状态栏，通过添加"颜色叠加"图层样式，调整状态栏填充颜色，如图8-163所示。

（3）设计导航栏

① 绘制左箭头和放大镜图标，将生成的图层分别命名为"返回按钮"和"搜索按钮"，效果如图8-164所示。

图8-163 状态栏导入　　　　　　　　　图8-164 导航栏

② 使用"文字工具"，选择"苹方""粗体"字体，输入文字"青春专辑"，如图 8-165 所示。

（4）设计专辑

新建"专辑区域"图层，使用"圆角矩形工具"绘制宽度为 670 像素、高度为 380 像素、圆角半径为 40 像素，白色的圆角矩形。新建"专辑图片"图层导入专辑图片，按住【Alt】键，在"专辑区域"图层与"专辑图片"图层之间单击，保留限定区域的图像。将"专辑图片"和"专辑区域"图层同时选中，使用组合键【Ctrl+G】编组，重命名为"专辑"，如图 8-166 所示，实际效果如图 8-167 所示。

图 8-165　输入文字　　　　　　　　　　　　　图 8-166　专辑图层编组

（5）设计评论区

① 使用"圆角矩形工具"，绘制宽度为 710 像素、高度为 210 像素、圆角半径为 20 像素的圆角矩形，填充颜色（RGB：235，200，170），调整其图层"填充"为"40%"，将图层命名为"评论区背景"，效果如图 8-168 所示。

② 使用"直线工具"绘制分割线，设置颜色（RGB：238，238，238），如图 8-169 所示。

③ 再次使用"直线工具"绘制 3 条竖线，设置颜色（RGB：196，106，26），同时选中 3 条竖线的图层，使用组合键【Ctrl+G】编组，重命名为"虚线"；绘制向右箭头，将图层命名为"进入箭头"，效果如图 8-170 所示。

图 8-167　专辑设计　　　　　　　　　　　　　图 8-168　评论区背景

④ 使用"椭圆工具"绘制宽、高均为 76 像素的白色正圆，导入头像图标，如图 8-171 所示。

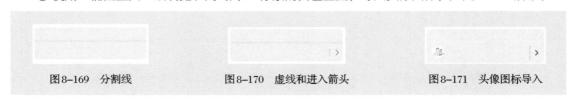

图 8-169　分割线　　　　　　图 8-170　虚线和进入箭头　　　　　　图 8-171　头像图标导入

⑤ 使用"文字工具"，选择"苹方""粗体"字体，输入图8-172所示的文字，调整文字的位置。

⑥ 将评论区文字、头像、评论区箭头和虚线、评论区背景所在图层同时选中，使用组合键【Ctrl+G】编组，重命名为"评论区"，如图8-173所示。

图8-172　评论内容　　　　　　　　　　图8-173　"评论区"组

（6）设计播放区域

① 绘制圆角矩形背景并设置颜色（RGB：196,106,26），以及一个白色的带弧度三角形，将其作为播放按钮，如图8-174所示。

② 设计上一首和下一首按钮，其颜色与播放按钮一致，调整其位置和分布，如图8-175所示。

③ 将以上与播放相关的"上一首""下一首""播放按钮"所在图层同时选中，使用组合键【Ctrl+G】编组，重命名为"播放区域"，如图8-176所示。

图8-174　播放按钮　　　图8-175　上一首和下一首按钮　　　图8-176　"播放区域"组

（7）设计进度条

① 使用"直线工具"绘制长度为632像素、宽度为4像素的直线，设置颜色（RGB：255,90,50），设置其"不透明度"为"40%"，将图层命名为"进度槽"，效果如图8-177所示。

图8-177　进度槽

② 再次使用"直线工具"绘制长度为78像素、宽度为4像素的直线作为进度条进度，设置颜色（RGB：252,92,46），将图层命名为"进度条进度"，如图8-178所示。

图8-178　进度条进度

③ 使用"椭圆工具"绘制宽、高均为10像素的正圆，填充颜色（RGB：252,92,46），将图层命名为"进度条左侧小圈"；将其复制，修改颜色（RGB：254,190，171），将图层重命名为"进度条右侧小圈"，如图8-179所示。

图8-179　进度条小圈

④ 使用"圆角矩形工具"绘制宽度为80像素、高度为48像素、圆角半径为20像素的圆角矩形，填充颜色（RGB：196,106,26），将图层命名为"进度时间背景"，如图8-180所示。

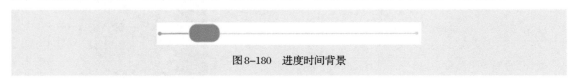

图8-180　进度时间背景

⑤ 使用"文字工具"，选择"苹方""中等"字体，输入图8-181所示的文字，设置颜色（RGB：196,106,26）。

⑥ 用与上述相同的方法完成倍速设计，如图8-182所示。

图8-181　时长文字　　　　　　　　　　　　　　　　　图8-182　倍速

⑦ 将"进度条右侧小圈""倍速""进度时间背景""进度条左侧小圈""进度条进度""进度槽"所在图层同时选中，使用组合键【Ctrl+G】编组，重命名为"进度条"，如图8-183所示。至此，进度条设计完成，如图8-184所示。

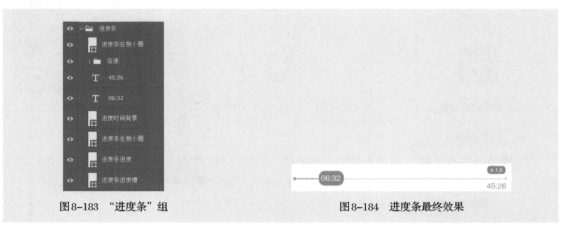

图8-183　"进度条"组　　　　　　　　　　　　　图8-184　进度条最终效果

（8）设计小功能按钮

① 将点赞、分享、评论、收藏、倍速播放等小功能按钮图标置入界面中，确定好其位置，使其均匀分布，如图8-185所示。

图8-185　小功能按钮图标布局

② 将以上图标所在图层同时选中，使用组合键【Ctrl+G】编组，重命名为"小功能按钮"，如图8-186所示。为该组添加"颜色叠加"图层样式，叠加颜色（RGB：196,106,26），完成后的效果如图8-187所示。

图8-186 "小功能按钮"组　　　　　　　　　图8-187 小功能图标效果

③ 至此，播放页设计完成，整体效果如图8-162所示。

【项目实战8-8】设计音乐App歌词页

歌词页要包含歌名和歌词，提供滑动条方便用户拖动调整歌曲播放进度，符合用户听歌时的行为习惯，如图8-188所示。

1．设计思路

歌词页以展示歌词为主，需要特别注意歌词的排版和段落间距等。为了方便用户使用，歌词页主要包含播放器、歌词展示、专辑图标、搜索等部分。

2．设计步骤

（1）创建画布

在Photoshop CC 2020中选择"文件"菜单下的"新建"命令，新建宽度为750像素、高度为1334像素、分辨率为72像素/英寸的画布。

（2）绘制背景

背景填充颜色（RGB：82,44,11），导入之前设计完成的状态栏。使用"画笔工具"，颜色为（RGB：196,106,26），画笔大小为"1300像素"，硬度为"0%"，进行背景绘制，如图8-189所示。

（3）设计播放器

① 使用"圆角矩形工具"绘制宽度为720像素、高度为382像素、圆角半径为20像素的白色圆角矩形作为播放器区域，如图8-190所示。

图8-188 歌词页效果　　　　　　图8-189 背景绘制　　　　　　图8-190 播放器区域

② 按照前面的方法进行播放器相关组件的设计，如图8-191所示。

（4）设计歌曲图

使用"圆角矩形工具"绘制圆角矩形，导入专辑图片，保留圆角矩形内的专辑图片，完成专辑设计，如图8-192所示。

图8-191　播放器相关组件设计　　　　　　　　　　图8-192　专辑设计

（5）设计导航栏

将返回按钮和搜索按钮放在合适的位置，左右对称，如图8-193所示。

（6）设计歌词

① 使用"文字工具"，选择"苹方""常规"字体，输入歌词内容，具体参数设置如图8-194所示。

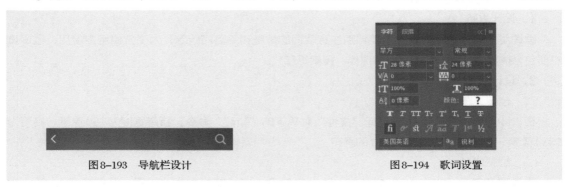

图8-193　导航栏设计　　　　　　　　　　图8-194　歌词设置

② 使用"文字工具"，选择"苹方""粗体"字体，输入歌曲名字"送别"，文字输入后的效果如图8-188所示。

🖑 知识拓展

在 Photoshop CC 2020 中进行文字设置时，可以设置文字的字间距和行间距，如图8-195所示。在实际应用中可以结合具体需要进行调整。

图8-195　字间距和行间距

📟 **课后实训**

　　完成音乐 App 其他界面设计，如"排行""推荐""直播"等界面。要求设计风格统一、色彩和谐，创意突出个性。

8.4　本单元小结

　　本单元主要介绍了 iOS 的界面、字体设计规范。结合具体实战项目，从项目分析、原型设计、风格分析到启动图标设计，再到启动页、引导页、注册登录页、首页、子页等界面设计，完成整套 App 界面设计，帮助读者将前面所学的知识、技能融会贯通。只有熟练掌握界面设计的基本原理、设计规则、设计技巧，才能设计出有特色的 App 界面。

8.5　课后练习题

1.　项目分析的主要环节有哪些？
2.　原型设计在界面设计工作中起到什么作用？
3.　在 iOS 的视觉设计中，图标、界面、字体设计规范有哪些？

Android 系统界面设计

Android 系统作为市面上常见的操作系统，其设计灵活，给用户带来了多样化的界面风格。

素质目标：

1. 培养学生胜任设计工作的良好业务素质和身心素质；
2. 培养学生运用所学知识分析、解决问题，创新设计思维，提升美术欣赏审美的能力。

知识目标：

1. 掌握 Android 系统界面设计规范；
2. 掌握产品定位方法；
3. 掌握 Android App 原型设计方法；
4. 熟悉 Android 系统界面设计方法。

技能目标：

1. 能够在项目分析前对产品进行精准定位；
2. 能够依据产品定位进行界面原型设计；
3. 能够依据原型图进行 App 界面设计；
4. 能够熟练应用所学知识完成 Android App 界面设计。

9.1 Android 系统界面设计规范

Android 系统在移动端，如手机、平板电脑等设备上的使用率很高，因其设计灵活，所以界面很难有统一的标准。Android 系统的控件支持自定义，没有严格的尺寸数值。表9-1仅列出宽度为720像素、高度为1280像素设备各区域的参考尺寸供读者查阅。

表9-1　720像素×1280像素界面各区域的参考尺寸　　　　单位/像素×像素

区域	尺寸	区域	尺寸
状态栏	720×50	标签栏	720×96
导航栏	720×96		

🖐 知识拓展

在实际工作中，推荐使用宽度为720像素、高度为1280像素和宽度为1080像素、高度为1920像素的界面尺寸进行设计。

💬 课后实训

在Android系统手机上截屏，将截屏图片导入Photoshop CC 2020，测量界面及状态栏、导航栏、标签栏、内容区的尺寸。

9.2 Android 系统字体设计规范

Android系统默认英文字体为Roboto，默认中文字体为思源黑体，Android系统支持内嵌字体。由于字体的实现最终由前端工程师完成，所以在设计时，UI设计师只需要注意选择无衬线字体，在设计稿中进行字体标注即可。

Android系统根据字体出现的区域不同，字重、字号有所不同，字间距也不尽相同。但是要注意，在设计时尽可能避免同一级别文字使用多种不同字号，以免使用户感到混乱。

📟 课后实训

> 观察自己喜欢的Android界面，分析其文字特点。

9.3 Android 系统宠物 App 界面设计实战

159

结合前面讲解的Android系统界面设计规范，设计一款Android系统宠物App界面。界面尺寸选取1080像素×1920像素，宠物App启动图标和各界面如图9-1所示。

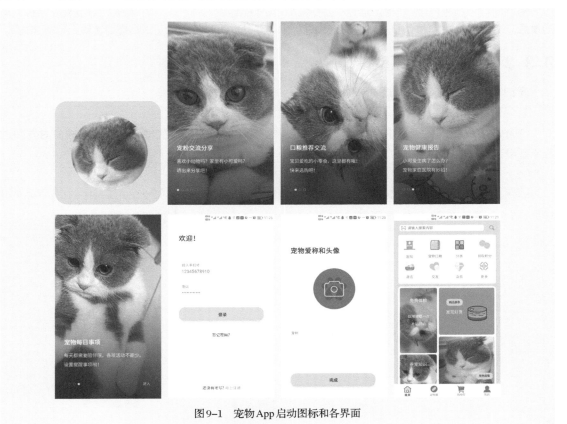

图9-1 宠物App启动图标和各界面

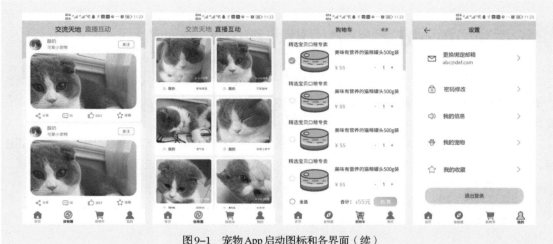

图 9-1　宠物 App 启动图标和各界面（续）

9.3.1　宠物 App 项目分析

宠物 App 是为家有宠物的用户提供的交流、互动平台。生活中有很多人喜欢宠物，但是对如何养好宠物了解得不多。宠物 App 在设计、开发时将重点考虑用户在宠物养育过程中如何获取和传播正确的宠物养育知识；同时，宠物 App 可提供在线商城，方便宠物爱好者给宠物购买各种物品，如食物、穿戴用品等，商城设计也可以在很大程度上提升企业的知名度，带来相应的收益；宠物 App 亦可提供直播和交流区域等优质的互动交流平台，方便宠物爱好者线上"晒宠物"。

宠物 App 项目分析

9.3.2　宠物 App 原型设计

宠物 App 原型主要从线框图搭建和交互效果制作两方面进行设计。

1. 搭建线框图

结合宠物 App 的功能要求和产品设计思维，使用 Axure RP 软件完成线框图的搭建，对界面进行原型设计。

（1）引导页

宠物 App 引导页为了吸引用户，方便用户了解宠物 App 的功能，以文字和圆圈标识当前所在引导页。4 个引导页布局一致，同级文字的字体和字号一致。引导页原型如图 9-2 所示。

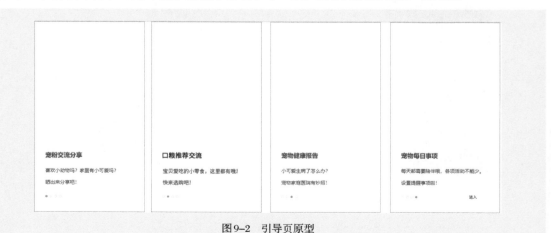

图 9-2　引导页原型

160

（2）首页

宠物App的首页主要包括状态栏、搜索栏、标签栏、内容区等。状态栏采用默认设置即可，这里留出相应的高度。搜索栏以搜索功能为主，提供搜索框和搜索按钮。标签栏包括"首页""宠物圈""购物车""我的"选项。内容区包括热门功能，如"医院""宠物口粮""分类""领取积分""清洁""交友""会员""更多"等，还包括"免费体检""发现好货""养宠知识""宠物直播"等分类区。首页原型如图9-3所示。

（3）宠物圈

宠物圈包括"交流天地"和"直播互动"两大模块，"交流天地"是宠物主人和爱好者对宠物进行介绍和展示的页面，方便宠物"粉丝"添加关注等；"直播互动"主要通过直播的形式进行互动，最大限度地调动用户的积极性。宠物圈原型如图9-4所示。

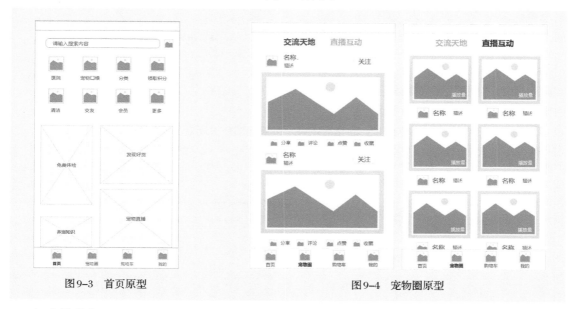

图9-3 首页原型　　　　　图9-4 宠物圈原型

161

（4）购物车

购物车是商城在线购买功能的重要部分，相当于日常超市购物时使用的推车，用户可以把有意向购买的物品放入其中。购物车应具有添加、删除功能，方便用户调整所需购买的物品。在设计购物车的过程中需特别注意各模块的间隔、分布布局等。购物车原型如图9-5所示。

（5）我的

"我的"页面主要是对个人信息的维护，可以根据个人习惯进行设置，主要包括个人设置等功能，如更换绑定邮箱、密码修改、我的信息、我的宠物、我的收藏等，同时包含用于退出该App的"退出登录"按钮，方便用户切换账号。"我的"页面原型如图9-6所示。

2．设计交互效果

宠物App交互设计主要包括启动图标点击事件、引导页切换事件、登录页跳转事件等，方法与单元8的交互设计相同，这里不赘述，建议结合宠物App的功能实现交互设计。下面重点讲解如何设计标签栏切换及如何设计功能选项卡切换。

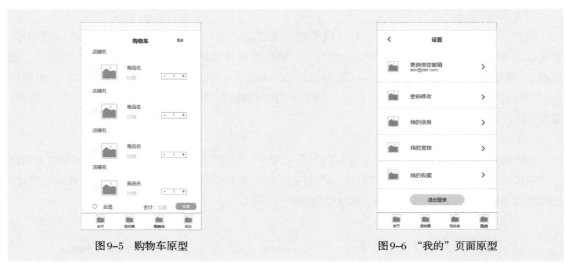

图 9-5　购物车原型　　　　　　　　　　　图 9-6　"我的"页面原型

（1）设计标签栏切换

① 使用"热区"工具覆盖标签栏中的"购物车"按钮和文字，如图 9-7 所示。

图 9-7　热区添加

② 为该热区添加"鼠标单击时"的交互效果，设置如图 9-8 所示。

图 9-8　添加交互效果

③ 完成点击"购物车"进行页面跳转的设置。接下来实现选中的选项卡文字粗细调整，选择"设置文本"后，找到要设置的文字"购物车"，设置文本为"富文本"，如图 9-9 所示。

图 9-9　设置文本

④ 选择"编辑文本",将"购物车"文本颜色加深、字体加粗,如图9-10所示。

⑤ 将其他标签设置为未选中状态。至此,"购物车"切换制作完成。使用同样的方法为其他页面标签对应添加切换交互效果。

(2)设计功能选项卡切换

"交流天地"和"直播互动"选项卡的切换设计可参照上述标签栏的"鼠标单击时"交互效果添加,也可以使用动态面板的状态切换完成。下面讲解使用动态面板进行功能选项卡切换。

① 将"动态面板"拖入工作区内,大小与页面一致,这里设置宽度为1080像素、高度为1920像素,命名为"功能选项卡切换",内置两个状态,分别命名为"交流天地""直播互动"。将"交流天地"和"直播互动"页面分别放入两个状态中,如图9-11所示。

163

图9-10 编辑文本　　　　　　　　　　图9-11 设置面板状态

② 在"交流天地"状态中为"交流天地"文字所在区域添加"热区",命名为"交流天地热区",如图9-12所示。

图9-12 添加热区

③ 为"交流天地热区"添加"鼠标单击时"交互效果,选择"设置面板状态",具体设置如图9-13所示。

图9-13 设置面板状态为"交流天地"

④ 同样地,为"直播互动"状态中的"直播互动"文字所在区域添加热区,命名为"直播互动热区",如图9-14所示。

图9-14 添加热区

⑤ 为"直播互动热区"添加"鼠标单击时"交互效果,选择"设置面板状态",具体设置如图9-15所示。

图 9-15　设置面板状态为"直播互动"

⑥ 按【F5】键预览，交互效果设计完成。

知识拓展

Axure RP 软件除了可以实现简单的交互效果，还可以实现多样化的交互原型，如 Tab 标签切换、上下滑屏等交互效果。

Tab 标签切换在移动 App 中是一种非常实用的交互效果，点击不同标签会呈现不同的内容；上下滑屏主要是因为使用手机时经常遇到界面内容太长，无法完全显示的情况，这时就可以使用上下滑屏效果对内容进行显示控制。

9.3.3　宠物 App 风格分析

基于以上分析，从宠物 App 启动图标开始设计，界面功能主要包括常用的宠物圈直播、宠物圈交流、宠物商城等。

本项目选取扁平化风格，去掉复杂的纹理和三维等效果，元素干净简洁，可以更加直接地将信息展示出来，更好地表达主要功能。

知识拓展

在对产品进行风格分析时，要重点考虑用户群体和产品理念的表达要点。风格确定后，各界面的风格要统一起来，以确定好的主色为基准，进行辅助色的选取。

【项目实战 9-1】设计宠物 App 启动图标

结合宠物 App 的产品定位和产品分析，设计图 9-16 所示的启动图标。

1. 设计思路

选取呆萌、可爱的猫咪照片作为启动图标的设计元素，配合采用圆圈呈现相片映射效果，眯眼的猫咪将宠物的灵性表现得淋漓尽致。

设计宠物 App 启动图标

图 9-16　启动图标效果

2．设计步骤

（1）创建画布

在Photoshop CC 2020中选择"文件"菜单下的"新建"命令，新建宽度为512像素、高度为512像素、分辨率为72像素／英寸的画布。

（2）绘制底板

使用"圆角矩形工具"绘制宽和高均为512像素、圆角半径为60像素的圆角矩形，填充颜色（RGB：250，200，90），效果如图9-17所示。

（3）绘制图标

① 使用"椭圆工具"绘制宽、高均为370像素的正圆，颜色任意，如图9-18所示。

② 导入猫咪照片，如图9-19所示。

③ 创建剪切蒙版，图层如图9-20所示。完成图9-16所示的图标绘制。

图9-17　底板绘制　　　图9-18　正圆绘制　　　图9-19　导入猫咪图片　　　图9-20　设置剪切蒙版

【项目实战 9-2】设计宠物 App 引导页

本项目是基于宠物App设计、开发的，引导页共4页，分别展示该App的主要功能，从而更好地对App进行介绍，吸引用户使用，如图9-21所示。

设计宠物App引导页

图9-21　引导页效果

1．设计思路

背景选用可爱的猫咪照片，搭配4个圆圈，用填充圆圈标识当前页，用空心圆圈标识未选中页面。

2．设计步骤

（1）创建画布

在Photoshop CC 2020中选择"文件"菜单下的"新建"命令，新建宽度为1080像素、高度为1920像素、分辨率为72像素/英寸的画布。

（2）设计背景

选择"图层"菜单中的"新建填充图层"子菜单中的"渐变"命令，打开"渐变填充"对话框，添加"黑色到透明"渐变，"样式"为"线性"，"角度"为"90度"，"缩放"为"100%"，具体设置如图9-22所示。

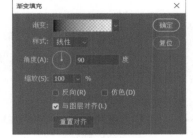

图9-22　渐变设置

修改该图层的"不透明度"为"80%"，效果如图9-23所示。

（3）设计引导页

① 设计引导页1，使用"椭圆工具"绘制宽、高均为24像素的正圆，第一个圆为填充圆，填充颜色（RGB：250,200,90），其他3个圆为空心圆，取消填充，设置颜色为（RGB：224,234,217）的描边，使4个圆在水平方向上均匀分布，效果如图9-24所示。

② 将步骤①中的4个圆同时选中，使用组合键【Ctrl+G】编组，重命名为"切换圆"，如图9-25所示。

图9-23　渐变效果

图9-24　绘制页面标识

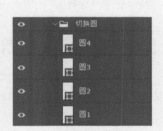

图9-25　图层编组

③ 使用"文字工具"，选择"思源黑体"，输入图9-26所示的文字内容，注意文字大小和对齐布局。

④ 将所有文字图层同时选中，使用组合键【Ctrl+G】编组，重命名为"文字内容"，如图9-27所示。

⑤ 导入猫咪图片，调整其大小和位置，效果如图9-28所示。

图9-26　设置文字

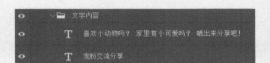

图9-27　"文字内容"组

图9-28　导入猫咪图片

⑥ 引导页2、引导页3、引导页4的设计与引导页1类似，只需调整切换圆的状态、猫咪图片和文字即可。

【项目实战9-3】设计宠物App注册登录页

注册、登录是每个App必备的功能，一方面用于获取用户信息，另一方面用于对用户进行管理，宠物App注册登录页如图9-29所示。

设计宠物App注册登录页

图9-29　注册登录页效果

167

1．设计思路

本项目采用传统的用户名和密码登录方式，提供找回密码功能，没有账号可以注册，第一次注册需要进行宠物相关信息的登记。此处选择手机号和密码登录的方式，宠物相关信息主要包括宠物的爱称和宠物的头像，可以通过给宠物拍照、上传完成。

用户名和密码输入框背景为灰色，采用圆角矩形作为模块划分，内部文字大小保持一致；"登录"按钮颜色与其他界面相呼应。为吸引用户注意，"马上注册"采用蓝色文字，提醒未注册用户进行注册操作，作为区分。

2．设计步骤

（1）创建画布

在Photoshop CC 2020中选择"文件"菜单下的"新建"命令，新建宽度为1080像素、高度为1920像素、分辨率为72像素/英寸的画布。

（2）设计注册登录页

将状态栏导入，设置好各元素的位置和大致布局。

① 设计用户名和密码部分。

a．使用"圆角矩形工具"，设置圆角半径为20像素，绘制圆角矩形作为用户名输入框，将图层命名为"用户名框"，输入图9-30所示的文字内容，注意两行文字左对齐，效果如图9-30所示。

输入手机号
12345678910

图9-30　文字对齐

b. 将以上"输入手机号"、"12345678910"文字所在图层及"用户名框"图层同时选中，使用组合键【Ctrl+G】编组，重命名为"用户名"，如图9-31所示。

c. 复制"用户名"组，重命名为"密码"，如图9-32所示。调整内容和位置后，登录框效果如图9-33所示。

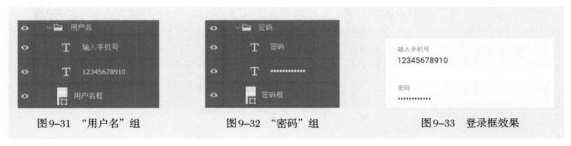

图9-31 "用户名"组　　　　　　　图9-32 "密码"组　　　　　　　图9-33 登录框效果

② 设计登录按钮。

a. 使用"圆角矩形工具"绘制宽度为864像素、高度为140像素、圆角半径为60像素的圆角矩形，填充颜色（RGB：250，200，90），将图层命名为"登录按钮背景"，如图9-34所示。

b. 使用"文字工具"，选择"思源黑体"，输入文字"登录"，将文字置于圆角矩形正中间，如图9-35所示。

图9-34 "登录"按钮背景　　　　　　　　　　　图9-35 "登录"文字

c. 为"登录按钮背景"图层添加"投影"图层样式，具体参数设置如图9-36所示。设置完成后的效果如图9-37所示。

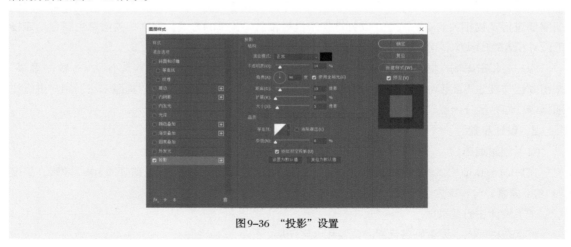

图9-36 "投影"设置

d. 将以上登录按钮相关图层编组，重命名为"登录按钮"，如图9-38所示。

③ 添加文字内容。

使用"文字工具"输入其他相关文字，整体布局效果如图9-39所示。

图9-37　"登录"按钮效果

图9-38　"登录按钮"组

图9-39　添加文字

169

（3）设计爱称和头像页面

将状态栏导入，调整至合适位置。

① 设计拍照按钮。

a. 使用"椭圆工具"绘制宽、高均为480像素的正圆，颜色为黑色，设置图层"填充"为"60%"，将图层命名为"圆"；新建"相机"和"脚印"图层，分别加入"相机"图标和"脚印"图标，调整"相机"图标的图层"填充"为"80%"，"脚印"图标的图层"填充"为"30%"，将图标调整到"圆"的中心位置，效果如图9-40所示。

图9-40　拍照按钮

b. 将以上"圆""脚印""相机"图层同时选中、编组，重命名为"拍照按钮"，如图9-41所示。

② 设计完成按钮。

a. 完成按钮的绘制方法和"投影"效果设置方法与前面的"登录"按钮相同，这里不赘述，完成后的效果如图9-42所示。

b. 将文字"完成"所在图层和"登录按钮背景"所在图层同时选中，使用组合键【Ctrl+G】完成图层编组，命名为"完成按钮"，如图9-43所示。

图9-41　"拍照按钮"组

图9-42　完成按钮

图9-43　"完成按钮"组

③ 设计爱称输入框。

a. 使用"圆角矩形工具"绘制圆角矩形，将图层命名为"输入框"，使用"文字工具"输入文字"爱称"，效果如图9-44所示。

b．将"爱称"文字所在图层与"输入框"图层同时选中，使用组合键【Ctrl+G】进行编组，命名为"爱称输入框"，如图 9-45 所示。

④ 设计标题。

使用"文字工具"，选择"思源黑体"，输入文字"宠物爱称和头像"，整体效果如图 9-46 所示。

图 9-44　爱称输入框

图 9-45　"爱称输入框"组

图 9-46　整体效果

【项目实战 9-4】设计宠物 App 首页

宠物 App 首页相当于一张大的海报，应在其中设置 App 的头版内容，使用尽可能少的文字体现宣传推广效果。首页的排版要合理，方便用户使用手机查看，不放置过多不常用的功能模块，设计要给人新颖感，给人留下深刻印象。宠物 App 首页如图 9-47 所示。

设计宠物 App 首页

1．设计思路

当下面的标签栏切换到不同页面时，首先应当把当前页面的标签栏图标和文字切换为选中状态。选中图标的填充色与主色一致，文字颜色加深显示，未选中时选用线性图标，文字颜色较浅。

宠物 App 首页包括各功能分类和当前活动展示等模块，提供各种功能快捷入口，设置搜索框方便用户搜索。位于界面上方区域的各功能分类区域采用图标和文字结合的形式，图标以高辨识度为原则进行设计，注意间隔布局均衡；位于界面下方区域的当前活动展示模块选用大的圆角矩形作为背景，提升小栏目的聚合度。每个小栏目同样采用圆角矩形进行划分，增加界面元素的融合度。各内容模块采用图文混排，背景图片选用相关宠物图片，文字置于背景图片上方，注意上方的文字排版。

图 9-47　首页效果

2．设计步骤

（1）创建画布

在 Photoshop CC 2020 中选择"文件"菜单下的"新建"命令，新建宽度为 1080 像素、高度为 1920 像素、分辨率为 72 像素 / 英寸的画布。

（2）绘制背景

将状态栏导入，调整位置，完成状态栏设计。为背景图层填充颜色（RGB：250,200,90），如图9-48所示。

（3）设计内容区

内容区主要包括搜索栏、分类栏、活动展示区域、标签栏。

① 设计搜索栏。

本项目的搜索栏主要由搜索框、搜索图标等组成。

a. 使用"圆角矩形工具"绘制宽度为856像素、高度为64像素、圆角半径为16像素的圆角矩形，将图层命名为"搜索框"，效果如图9-49所示。

图9-48 背景绘制

b. 新建"扫码"和"搜索图标"图层，分别添加"扫码"图标和"搜索"图标，效果如图9-50所示。

c. 使用"文字工具"，选择"思源黑体"，设置颜色（RGB：83,83,83），输入文字"请输入搜索内容"，调整文字与图标和"搜索框"的相对位置，效果如图9-51所示。

图9-49 搜索框　　　　　　　　　　图9-50 添加图标　　　　　　　　　　图9-51 输入文字

d. 将以上"扫码"和"请输入搜索内容"文字所在图层以及"搜索图标""搜索框"图层同时选中，使用组合键【Ctrl+G】编组，重命名为"搜索"，如图9-52所示。

② 设计分类栏。

a. 使用"圆角矩形工具"，绘制宽度为990像素、高度为508像素、圆角半径为16像素的圆角矩形，填充白色，将图层命名为"分类栏背景"，效果如图9-53所示。

图9-52 "搜索"组　　　　　　　　　　　　　　图9-53 分类栏背景

b. 置入分类栏的分类图标，调整其大小和位置，保证水平方向和垂直方向对齐，水平方向和垂直方向均匀分布，效果如图9-54所示。

c. 使用"文本工具"，选择"思源黑体"，输入图9-55所示的对应文字，调整文字的位置。

d. 将分类栏各类对应文字放入"分类文字"组。对应图标放入"分类图标"组，将"分类文字"组与"分类图标"组再次组合为"分类"组，如图9-56所示。

图9-54 图标对齐　　　　　　　图9-55 文字对齐　　　　　　　图9-56 "分类"组

③ 设计活动展示区域。

a. 使用"圆角矩形工具"绘制宽度为996像素、高度为1078像素、圆角半径为30像素的白色圆角矩形，将图层命名为"活动展示背景"，效果如图9-57所示。

b. 使用"圆角矩形工具"绘制宽度为376像素、高度为678像素、圆角半径为16像素的圆角矩形，颜色随意，将图层命名为"内容1区域"，效果如图9-58所示。

c. 置入猫咪图片，只保留"内容1区域"圆角矩形内的部分，效果如图9-59所示。

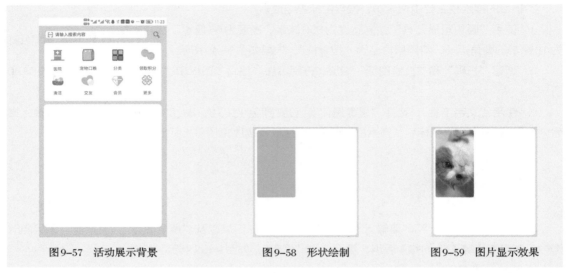

图9-57　活动展示背景　　　　　　　　图9-58　形状绘制　　　　　　　　图9-59　图片显示效果

d. 为猫咪所在图层添加从黑色到透明的渐变，制作遮罩效果，将图层命名为"遮罩"，如图9-60所示。

e. 使用"文字工具"，选择"思源黑体"，输入文字，合理布局，如图9-61所示。

f. 将以上"仅限领取一次 补贴开启""免费体检"文字所在图层、遮罩和猫咪所在图层、"内容1区域"图层同时选中，使用组合键【Ctrl+G】进行编组，重命名为"内容1"，如图9-62所示。

图9-60　遮罩效果　　　　　　　　图9-61　编辑文字　　　　　　　　图9-62　"内容1"组

g. 使用"圆角矩形工具"绘制宽度为564像素、高度为488像素、圆角半径为16像素的圆角矩形，填充颜色（RGB：137,133,129），将图层命名为"内容2区域"，置入猫粮图标，将图层命名为"猫粮"。使用"圆角矩形工具"绘制宽度为168像素、高度为72像素、圆角半径为30像素的圆角矩形，填充颜色（RGB：250,200,90），将图层命名为"精品推荐背景"；使用"文字工具"，调整字号，输入"精品推荐""发现好货"等文字内容，如图9-63所示。

h. 将以上"精品推荐""发现好货"等文字所在图层与"精品推荐背景"和"猫粮"所在图层、

"内容2区域"图层同时选中，使用组合键【Ctrl+G】进行编组，重命名为"内容2"，如图9-64所示。

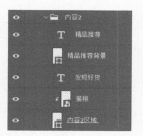

图9-63 "发现好货"布局　　　　　　　　　　图9-64 "内容2"组

i. 用与上述相同的方法，绘制其他板块，如图9-65所示。活动展示区域效果如图9-66所示。

图9-65 其他板块　　　　　　　　　　　　图9-66 活动展示区域效果

④ 设计标签栏。

a. 使用"矩形工具"绘制矩形，将图层命名为"标签栏背景"，为图层添加"描边"图层样式，具体参数设置如图9-67所示，完成后的效果如图9-68所示。

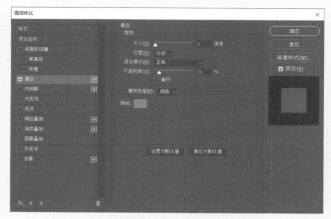

图9-67 "描边"设置　　　　　　　　　　图9-68 标签栏效果

b. 置入"首页""宠物圈""购物车""我的"图标。为"首页"图标所在图层添加"描边"图层样式，具体参数设置如图9-69所示；添加"颜色叠加"图层样式，叠加颜色（RGB:250,

200,90）具体参数设置如图9-70所示。

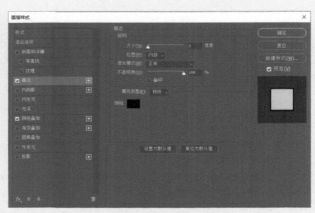

图9-69 "描边"设置

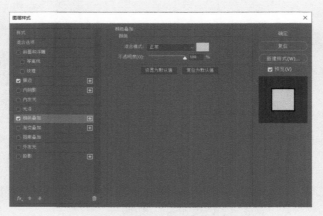

图9-70 "颜色叠加"设置

c. 为"宠物圈""购物车""我的"图标所在图层添加"颜色叠加"图层样式，叠加颜色
（RGB：102,102,102），"不透明度"为"100%"，具体参数设置如图9-71所示。

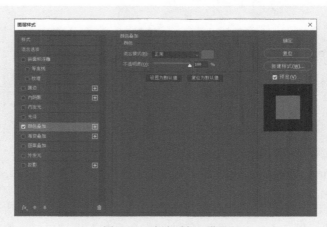

图9-71 "颜色叠加"设置

d. 将以上4个图标所在的图层编组，重命名为"标签栏图标"，效果如图9-72所示。

e. 使用"文字工具"，选择"思源黑体"，依次输入文字"首页""宠物圈""购物车""我的"，其中"首页"文字颜色为黄色（RGB：32，32，32），"宠物圈""购物车""我的"文字颜色为灰色（RGB：102，102，102），调整文字与对应图标对齐，效果如图9-73所示。至此，宠物App首页设计完成。

图9-72　标签栏图标　　　　　　　　　图9-73　标签栏图标和文字

【项目实战9-5】设计宠物App宠物圈页面

设计宠物App宠物圈页面

宠物App宠物圈页面主要提供交流和直播互动功能，如图9-74所示。

图9-74　宠物圈页面效果

1．设计思路

宠物圈页面分为"交流天地"和"直播互动"两个模块，为了保持统一性，两个模块采用切换设计，背景保持一致，仅对布局模块和界面内容进行调整、修改，风格与前面的图标和界面设计相统一。

"交流天地"包含"关注"功能，这是该模块一个很重要的功能，所以考虑采用蓝色标注；"直播互动"的各模块采用图文混排，不同模块的布局样式相同，设计风格统一。

2．设计步骤

（1）创建画布

在Photoshop CC 2020中选择"文件"菜单下的"新建"命令，新建宽度为1080像素、高度为1920像素、分辨率为72像素/英寸的画布。

（2）绘制背景

将状态栏导入，调整位置，完成状态栏设计。填充背景颜色（RGB：250，200，90），使用"椭圆工具"绘制白色圆，调整图层的"不透明度"为"60%"；再次使用"椭圆工具"绘制白色圆，调整图层的"不透明度"为"50%"，调整两个圆的位置，效果如图9-75所示。

（3）设计"交流天地"

① 设计导航栏。

使用"文字工具"，选择"思源黑体"，输入文字"交流天地""直播互动"，将其置于界面水平居中位置，均匀分布，调整字号和颜色，如图9-76所示。

② 设计"交流天地"内容。

a. 使用"圆角矩形工具"绘制圆角半径为16像素的白色圆角矩形，将图层命名为"内容1背景"，效果如图9-77所示。

图9-75　背景绘制　　　　　　图9-76　"交流天地"标题　　　　　图9-77　"交流天地"内容背景

b. 使用"圆角矩形工具"绘制宽度为142像素、高度为68像素、圆角半径为20像素的圆角矩形，设置填充为"无"，描边为"2像素"，颜色为蓝色（RGB：55,90,240），将图层命名为"关注按钮框"；输入"关注"文字，其颜色与圆角矩形相同，调整文字位于圆角矩形中心，效果如图9-78所示。

c. 使用"圆角矩形工具"绘制宽度为930像素、高度为506像素、圆角半径为60像素的圆角矩形，颜色任意，将图层命名为"内容1区域"，置入猫咪照片，将猫咪照片显示在设定好的"内容1区域"圆角矩形区域，如图9-79所示。

d. 置入相关图标，输入文字，效果如图9-80所示。

图9-78　关注按钮　　　　　　图9-79　图片显示　　　　　　图9-80　小图标和文字效果

e. 对以上内容所含图层编组，重命名为"内容1"，如图9-81所示。

f. 将"内容1"组内容复制，分别调整至如图9-82所示位置。

g. 将宠物App"首页"中的标签栏复制到"交流天地"中，通过"拷贝图层样式"复制"首页"图标所在图层的图层样式，然后使用"粘贴图层样式"将其粘贴到"交流天地"中的"宠物圈"图标所在图层上，调整"宠物圈"图标所在图层的图层样式。使用同样的方法，选择宠物App"首页"界面标签栏中非选中状态的"我的"图标所在图层的图层样式，复制、粘贴到"首页"图标所在图层上，调整两个图标的选中和未选中状态；修改"首页"文字颜色为灰色（RGB：102，102，102），"宠物圈"文字颜色为黄色（RGB：32，32，32）。至此，"交流天地"设计完成，如图9-83所示。

图9-81 "内容1"组

图9-82 内容布局

图9-83 导入标签栏

（4）设计"直播互动"

① 设计导航栏。

将"交流天地"中的导航栏复制、粘贴进来，"交流天地"和"直播互动"的文字颜色互换，如图9-84所示。

② 设计"直播互动"内容。

a. 使用"圆角矩形工具"绘制圆角矩形，将图层命名为"内容1背景"，效果如图9-85所示。

b. 继续使用"圆角矩形工具"绘制小一点的圆角矩形，将图层命名为"内容1区域"。置入猫咪图片，保留圆角矩形内的猫咪图片，效果如图9-86所示。

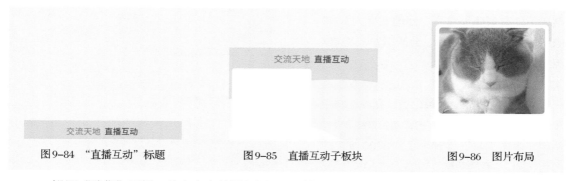

图9-84 "直播互动"标题　　　　　图9-85 直播互动子板块　　　　　图9-86 图片布局

c. 设置"头像"图标，输入文字效果如图9-87所示。

d. 用同样的方法完成其他区域的设计，注意圆角矩形的圆角半径一致，合理布局。

e. 导入"交流天地"模块设计好的标签栏。至此，"直播互动"模块设计完成，效果如图9-88所示。

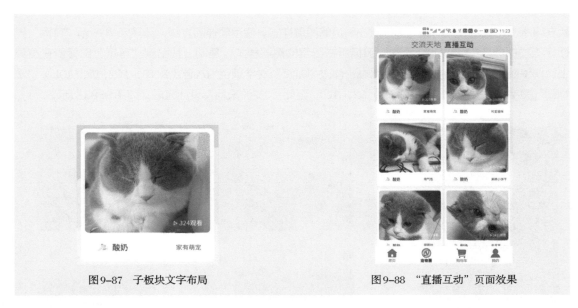

图9-87　子板块文字布局　　　　　　　　　　　图9-88　"直播互动"页面效果

178

【项目实战 9-6】设计宠物 App 购物车页面

在购物车页面要着重对店铺、商品名、价格、数量、结算等功能进行设计，以方便用户使用为目的进行界面规划，如图9-89所示。

设计宠物 App 购物车页面

1. 设计思路

设计购物车页面需要特别注意每种商品之间的间隔布局，为了方便，这里选用圆角矩形划分区域。购物车除了有常规的状态栏、标签栏部分，还包括加入购物车的产品所在店铺、产品名称、产品数量、结算信息等。

合计金额用橙色显示，一方面给用户提示，另一方面与界面的主色匹配。同样，"结算"按钮的背景色选用黄橙渐变色，丰富界面的视觉效果。

2. 设计步骤

（1）创建画布

在Photoshop CC 2020中选择"文件"菜单下的"新建"命令，新建宽度为1080像素、高度为1920像素、分辨率为72像素/英寸的画布。

（2）绘制背景

将状态栏导入，调整位置，完成状态栏设计。填充背景颜色（RGB：250，200，90），使用"椭圆工具"绘制半径为2800像素的白色正圆，"不透明度"设置为"90%"，调整位置后，效果如图9-90所示。

（3）设计购物车栏目

① 设计导航栏。

使用"文字工具"，输入文字"购物车"，调整其位于界面水平居中位置；输入"更多"，置于右侧，注意调整字号，如图9-91所示。

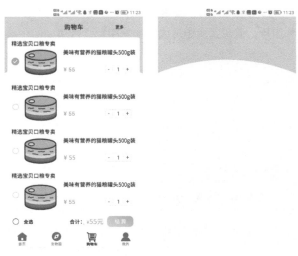

图9-89　购物车页面效果　　　　图9-90　背景绘制

② 设计购物车栏目背景。

使用"圆角矩形工具"绘制宽度为1034像素、高度为322像素、圆角半径为16像素的白色圆角矩形，如图9-92所示。

③ 设计数字。

a. 新建"数量调整框"图层，使用"圆角矩形工具"绘制宽度为202像素、高度为60像素、圆角半径为4像素的圆角矩形，取消填充，设置描边为浅灰色（RGB：181，181，181）。使用"文字工具"输入文字"1""+""−"，颜色为深灰色（RGB：93，93，93）。新建"左分割线"和"右分割线"图层，使用"直线工具"绘制颜色为浅灰色（RGB：181，181，181）的两条竖线，调整布局和位置，效果如图9-93所示。

图9-91 导航栏绘制　　　　　　图9-92 栏目背景设计　　　　　　图9-93 数字设计

b. 对以上"右分割线""左分割线""+""−""1""数量调整框"所在图层编组，重命名为"数字"，如图9-94所示。

④ 设计图文。

置入商品图，使用"文字工具"，设置合适的字号和颜色，输入图9-95所示的文字并进行布局。

图9-94 "数字"组　　　　　　　　　图9-95 编辑图文

⑤ 设计选择图标。

a. 使用"椭圆工具"绘制正圆作为图标背景，在其内部绘制两个矩形，通过拼接形成对号的形状，将图层命名为"选择"，为该图层添加"颜色叠加"图层样式，叠加颜色（RGB：255，120，0），具体参数设置如图9-96所示。

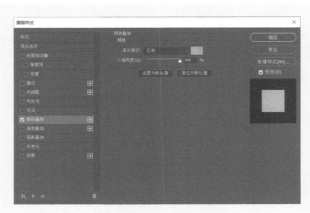

图9-96 "颜色叠加"设置

　　b. 调整"选择"按钮的位置，整体布局如图9-97所示。

　　c. 将猫粮图标、选择图标和文字所在图层与"数字"组编组，命名为"内容1"。将"内容1"组复制3次，分别命名为"内容2""内容3""内容4"，调整各组的布局和位置，同时将"内容2"组、"内容3"组和"内容4"组中的"选择"按钮删除，使用"椭圆工具"绘制宽和高均为48像素的正圆，填充设置为"无"，描边设置为"2像素"，设置颜色（RGB：179,179,179），整体效果如图9-98所示。

图9-97　"选择"按钮　　　　　　　　　　　　　　　　　　　图9-98　购物车内容

⑥ 设计结算栏。

　　a. 使用"矩形工具"绘制一个白色矩形作为结算栏背景。

　　b. 新建"结算"按钮背景图层，使用"圆角矩形工具"绘制宽度为206像素、高度为86像素、圆角半径为30像素的圆角矩形，如图9-99所示。

图9-99　"结算"按钮背景

　　c. 为"结算按钮背景"图层添加"描边""渐变叠加""外发光"图层样式。"描边"图层样式具体参数设置如图9-100所示。"渐变叠加"图层样式中渐变色为（RGB：250,200,0）、（RGB：250,130,0），具体参数设置如图9-101所示。"外发光"图层样式中颜色设置为（RGB：250,200,90），具体参数设置如图9-102所示，完成后的效果如图9-103所示。

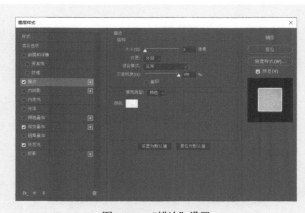

图9-100　"描边"设置

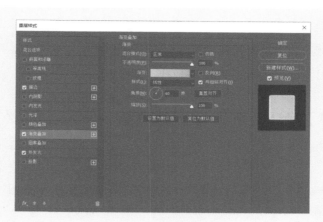

图9-101 "渐变叠加"设置

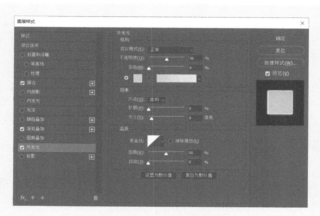

图9-102 "外发光"设置

d. 输入文字"结算",效果如图9-104所示。

e. 对应地绘制圆圈,输入"全选""合计:""¥55元"等文字,调整字号和字体颜色,合理布局后的效果如图9-105所示。

图9-103 "结算"按钮背景样式　　图9-104 编辑"结算"按钮文字　　　　图9-105 结算栏效果

⑦ 设计标签栏。

导入宠物App"首页"设计完成的标签栏,调整图标的选中和未选中状态。复制宠物App"宠物圈"页面中"宠物圈"图标所在图层的图层样式,到"购物车"图标所在图层上进行粘贴,将"购物车"图标设置为选中状态。同样地,复制"我的"图标所在图层的图层样式,到"宠物圈"图标所在图层上进行粘贴,将"宠物圈"图标所在图层设置为未选中状态,对应调整文字,效果如图9-106所示。购物车页面最终效果如图9-89所示。

图9-106　购物车标签栏

【项目实战 9-7】设计宠物 App 设置页面

宠物 App 设置页面如图9-107所示。

1．设计思路

设置页面的核心功能是个人相关信息的设置，其内容区的每种信息都包括图标、文字，信息模块之间用横线分割，注意各模块之间的间距；"退出登录"按钮放在最后，同时提供返回按钮，方便用户返回前一个页面。

设计宠物 App 设置页面

2．设计步骤

（1）创建画布

在 Photoshop CC 2020 中选择"文件"菜单下的"新建"命令，新建宽度为1080像素、高度为1920像素、分辨率为72像素/英寸的画布。

图9-107　设置页面效果

（2）绘制背景

导入状态栏，调整位置，完成状态栏设计。背景填充白色，完成背景绘制。

（3）设计导航栏

① 使用"矩形工具"绘制矩形，其宽度与界面宽度一致，为1080像素，高度为导航栏高度，填充颜色（RGB：250,200,90），效果如图9-108所示。

② 输入文字"设置"，将其置于界面水平居中位置；绘制横线和左箭头，完成返回按钮设计，导航栏设计如图9-109所示。

图9-108　导航栏背景　　　　　　　　　　　　　图9-109　导航栏设计

（4）设计设置栏目

① 设计分割线。

使用"直线工具"绘制直线作为分割线，设置颜色（RGB：238,238,238），使其在垂直方向均匀分布，将以上分割线图层编组，重命名为"分割线"，设计完成效果如图9-110所示。

② 设计栏目内容。

a. 输入"更换绑定邮箱""密码修改""我的信息""我的宠物""我的收藏"等文字，导入对应的图标，调整文字，使其与对应图标水平对齐，效果如图9-111所示。

b. 为每一栏设计向右箭头，表示可以点击打开子页。将5个向右的箭头所在图层编组，重命名为"箭头"，效果如图9-112所示。

c. 将以上每栏内容所在图层编组，重命名为"内容"，内含"分割线""箭头"以及分割线内的各子内容组，图层设置如图 9-113 所示。

图 9-110　绘制分割线　　　　　图 9-111　绘制栏目内容　　　　　图 9-112　绘制箭头

183

③ 设计"退出登录"按钮。

a. 使用"圆角矩形工具"绘制宽度为 864 像素、高度为 140 像素、圆角半径为 60 像素的圆角矩形，颜色为（RGB：250, 200, 90），与背景一致，将图层命名为"退出登录按钮背景"，如图 9-114 所示。

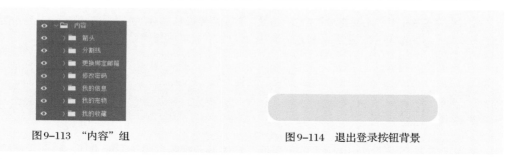

图 9-113　"内容"组　　　　　　　　图 9-114　退出登录按钮背景

b. 为"退出登录按钮背景"添加"投影"图层样式，具体参数设置如图 9-115 所示。设置完成后的效果如图 9-116 所示。

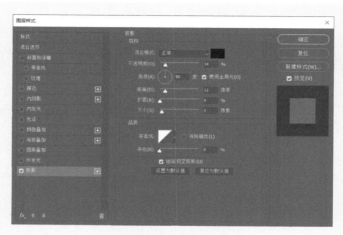

图 9-115　"投影"设置

c. 输入文字"退出登录",效果如图9-117所示。

图9-116 "退出登录按钮背景"效果   图9-117 编辑"退出登录"按钮文字

d. 将"退出登录按钮背景"图层和"退出登录"文字所在图层编组,重命名为"退出登录按钮",如图9-118所示。

e. 将设计好的标签栏导入,将"我的"的图标和文字修改为选中状态,其他图标和文字设置为非选中状态,如图9-119所示。至此,宠物App界面设计完成。

图9-118 "退出登录按钮"组   图9-119 修改图标和文字状态

课后实训

完成宠物App的"宠物商城""宠物保健"等页面的设计工作,要求符合Android系统设计规范,风格清新,能够与该App其他页面相匹配。

9.4 本单元小结

本单元主要介绍了Android系统的界面、字体设计规范,通过图标设计、界面元素绘制、界面元素搭配等完成App界面设计。设计从项目需求分析开始,根据需求规划出各功能区的框架,完成主色、辅助色的选取后,从细节上展开设计,从而保证整体的协调和美观。只有遵循UI设计流程和规范,才能设计出令用户满意的Android系统界面。

9.5 课后练习题

1. 在进行Android系统界面设计时,是功能先行还是设计先行?
2. 在Android系统App中,字体的选取有哪些要求?

电子活页（拓展阅读1）
界面设计工具应用

1. 常用的 UI 设计软件	2. 图像处理软件安装	3. 设计软件基本操作
4. 选区应用	5. 图层应用	6. 图像色彩控制
7. 绘图应用	8. 路径应用	9. 文字应用

电子活页（拓展阅读2）
原型设计工具应用

186

1. 常用的原型设计工具

2.Axure 原型设计工具安装

3.Axure 原型设计工具基本操作

4. 页面站点应用

5. 元件库应用

6. 动态面板应用

7. 母版应用

8. 常见交互应用